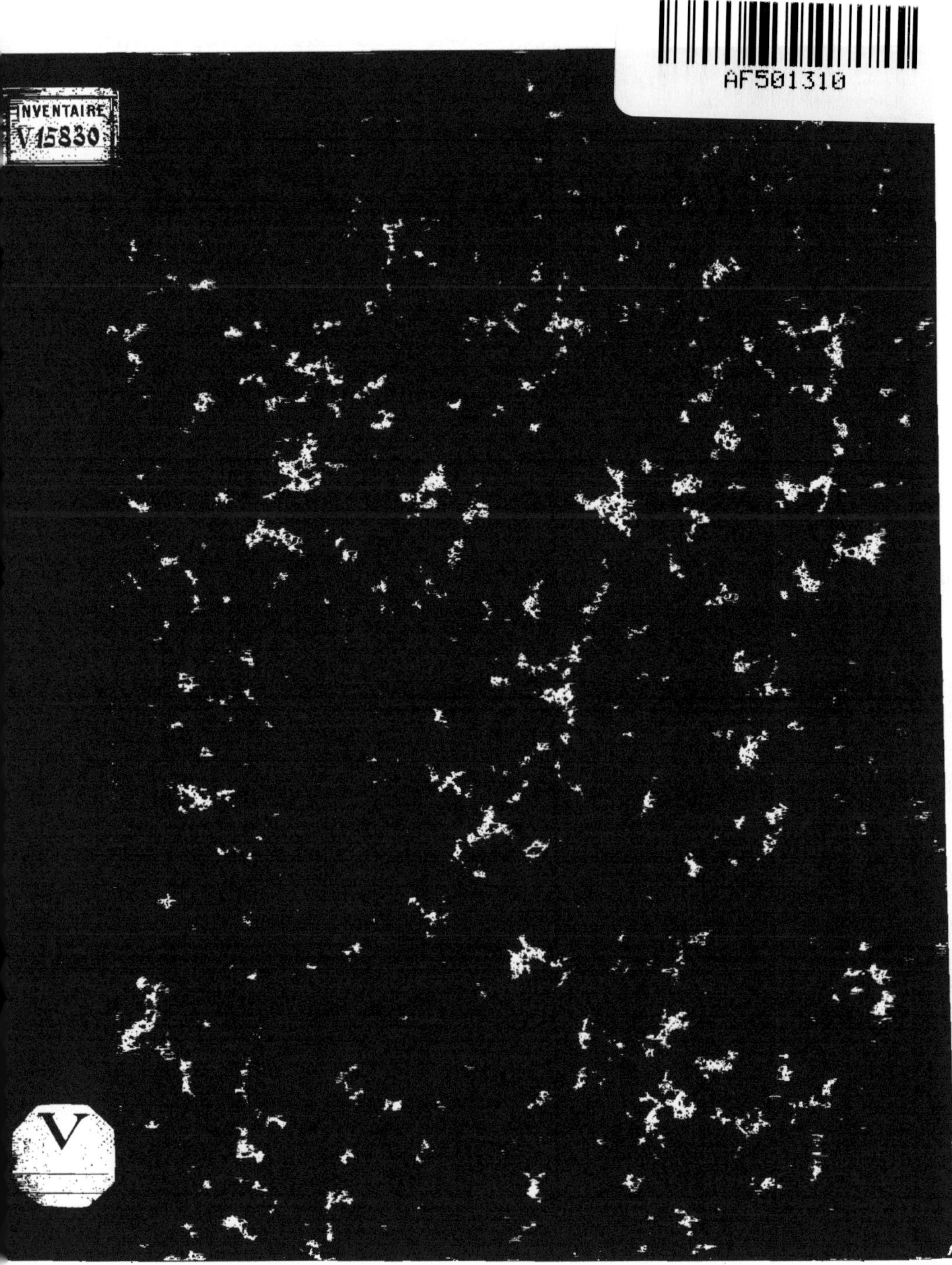

MÉMOIRE

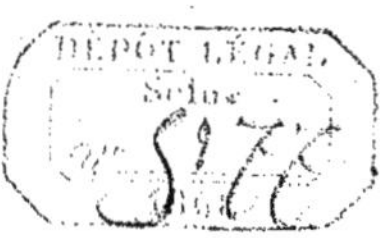

SUR

LES POINTS D'INFLEXION

ET LES POINTS STEINER

DANS LES LIGNES DU TROISIÈME ORDRE

PAR

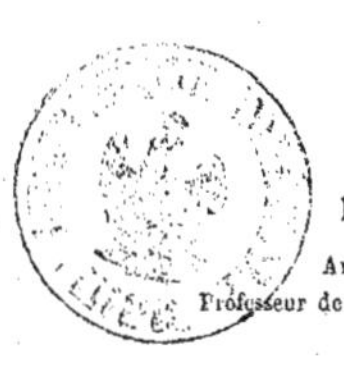

H. LEMONNIER

Ancien Élève de l'École normale
Professeur de Mathématiques spéciales au lycée Napoléon

PARIS
IMPRIMÉ PAR E. THUNOT ET Cie
RUE RACINE, 26, PRÈS DE L'ODÉON
1868

MÉMOIRE

SUR

LES POINTS D'INFLEXION

ET LES POINTS STEINER

DANS LES LIGNES DU TROISIÈME ORDRE

CHAPITRE PREMIER

Sur les points d'inflexion dans les lignes du troisième ordre.

1. Soit $u=0$ l'équation générale d'une ligne du 3e ordre. Les points d'inflexion de cette ligne seront déterminés par cette équation et par l'équation de Hesse

$$H = \begin{vmatrix} \frac{d^2u}{dx^2} & \frac{d^2u}{dxdy} & \frac{d^2u}{dxdz} \\ \frac{d^2u}{dydx} & \frac{d^2u}{dy^2} & \frac{d^2u}{dydz} \\ \frac{d^2u}{dzdx} & \frac{d^2u}{dzdy} & \frac{d^2u}{dz^2} \end{vmatrix} = 0,$$

qui est également du 3e degré, et représente ainsi une seconde ligne du 3e ordre.

Si la ligne u n'a ni point double, ni point de rebroussement, les points de rencontre des deux lignes seront sur la première de simples points d'inflexion, au nombre de neuf généralement, réels ou imaginaires. Le nombre en sera moindre, s'il en est qui soient passés à l'infini.

S'il existe un point double sur la ligne u, ce point sera aussi un point double sur la ligne H, et les deux lignes y auront les mêmes tangentes. En conséquence le point sera à compter pour six parmi les points de rencontre. En n'estimant pas le point double parmi les points d'inflexion, leur nombre sera donc réduit à trois.

Si la ligne u a un point de rebroussement, la ligne H aura en ce point la même tangente double, et il y passera une troisième branche de cette courbe, de sorte que le point équivaudra à huit points de rencontre. Alors, en ne le comptant pas, il n'y a plus sur la ligne u qu'un seul point d'inflexion.

Sur une ligne algébrique, un point d'inflexion ordinaire est pour la tangente menée à la courbe en ce point, un point triple de rencontre avec la courbe. La tangente en tout point d'inflexion d'une ligne du 3e ordre ne rencontre donc la courbe en aucun autre point.

Soient $\alpha=0$, $\beta=0$ les équations de deux droites distinctes qui se coupent, réelles ou imaginaires. Les coordonnées x et y pourront s'estimer en fonction de α et de β, et toute fonction u entière en x et en y pourra se transformer en une fonction entière du même degré de α et de β. Soit considérée sous cette forme l'équation d'une courbe algébrique d'ordre quelconque ; on aura

$$\begin{aligned} 0 = u = a_0 &+ b_0\alpha + c_0\alpha^2 + d_0\alpha^3 + \ldots \text{ etc}\ldots \\ &+ b_1\beta + c_1\alpha\beta + d_1\alpha^2\beta \\ &\qquad + c_2\beta^2 + d_2\alpha\beta^2 \\ &\qquad\qquad + d_3\beta^3. \end{aligned}$$

Si le point $(\alpha=0,\ \beta=0)$ appartient à la courbe, le terme a_0 sera nul, et la tangente en ce point sera donnée par

$$b_0\alpha + b_1\beta = 0,$$

quand b_0 et b_1 ne seront pas nuls à la fois.

Le point sera double si l'on a à la fois

$$a_0 = 0, \quad b_0 = 0, \quad b_1 = 0,$$

sans que c_0, c_1, c_2 soient nuls à la fois, et les tangentes y seront alors déterminées par l'équation

$$c_0\alpha^2 + c_1\alpha\beta + c_2\beta^2 = 0,$$

et ainsi de suite.

Supposons que le point (α, β) soit un simple point d'inflexion, et que la tangente y ait pour équation $\alpha=0$. Si l'on fait $\alpha=0$ dans l'équation $u=0$, il s'ensuivra une équation en β qui aura trois racines nulles et trois seulement ; on aura donc

$$b_0 \gtrless 0, \quad b_1 = 0, \quad c_2 = 0, \quad \text{et} \quad d_3 \gtrless 0,$$

ce qui fait

$$\begin{aligned} u = b_0\alpha &+ c_0\alpha^2 + d_0\alpha^3 + \ldots \\ &+ c_1\alpha\beta + d_1\alpha^2\beta\ldots \\ &\qquad + d_2\alpha\beta^2\ldots \\ &\qquad + d_3\beta^3\ldots, \end{aligned}$$

c'est-à-dire

$$u = \alpha P + \beta^3 Q;$$

P et Q désignant des fonctions entières de α et de β qui ne s'annulent pas quand on y fait $\alpha = 0$, $\beta = 0$.

S'il s'agit d'une ligne du 3ᵉ degré, l'équation sera donc

$$\alpha P = \beta^3.$$

Par l'équation $P = 0$, on aura une conique ne coupant la courbe qu'en ses points de rencontre avec la droite $\beta = 0$.

Si la droite $\beta = 0$ passe en un second point d'inflexion de la ligne, où la tangente ait pour équation $\alpha' = 0$, on aura de même pour l'équation de la courbe

$$\alpha' P' + \beta^3.$$

Il s'ensuivra

$$\alpha' P = \alpha' P';$$

ce qui sera une identité; sans quoi, le lieu étant donné par cette nouvelle équation, la droite $\alpha = 0$ n'en serait plus une tangente en un point d'inflexion. Il faut en conséquence que P soit le produit de α' par un autre facteur α'' du premier degré. L'équation sera alors de la forme

$$\alpha\alpha'\alpha'' = \beta^3,$$

de sorte que le point ($\alpha'' = 0$, $\beta = 0$) sera lui-même un point d'inflexion.

Donc la droite qui joint deux points d'inflexion d'une ligne du 3ᵉ degré passe par un troisième point d'inflexion.

Nous donnerons à une pareille droite le nom d'axe d'inflexion.

DU NOMBRE DES AXES D'INFLEXION ET DE LEUR DISPOSITION.

2. Les points d'inflexion étant au nombre de 9, trois par trois sur un axe, on aura les axes qui passent par chacun d'eux, en les joignant à chacun des huit autres, et tous les axes en opérant ainsi sur tous les points tour à tour. Mais en joignant un point aux huit autres on tracera deux fois les axes qui y passent; donc, les axes qui rayonnent de chaque point sont au nombre de quatre. En

considérant tour à tour les axes qui émanent des neuf points, on aura 36 droites, mais chacune reproduite trois fois. Le nombre des axes d'inflexion différents est en conséquence égal à 12.

Soient I, I', I'' les trois points d'inflexion que contient un axe. Sur les douze axes, il s'en trouve deux qui ne passent par aucun de ces points. Car si l'on considère tour à tour les quatre axes qui rayonnent de chacun d'eux, on aura dix droites distinctes, l'axe II' I'' se trouvant pris trois fois. Désignons par I_1, I'_1, I''_1, les points situés sur l'un de ces deux axes qui ne renferment aucun des trois premiers points; il y aura également deux axes ne contenant aucun de ces nouveaux points, l'un d'eux sera l'axe II' I'', l'autre sera le second axe qui ne comprend aucun des premiers points, et sur lui se trouveront les trois derniers points d'inflexion I_2, I'_2, I''_2.

A chacun des axes on peut donc en associer deux autres sur lesquels sont répartis les six points qu'il ne contient pas. Il en résulte $\frac{12}{3} = 4$ systèmes de trois axes n'ayant aucun point d'inflexion commun.

Chacun de ces systèmes constitue une ligne du 3ᵉ degré passant par les neuf points d'inflexion, et peut en conséquence (voir la note I) être représentée par l'équation

$$u + KH = 0.$$

Il s'ensuit qu'il y a quatre déterminations de K, telles que par chacune d'elles cette équation

$$u + KH = 0$$

représente le système de trois droites.

3. On sait que lorsque la ligne donnée par $u = 0$, quelle que soit cette équation, comprend des lignes droites, la ligne H comprend les mêmes droites. Si la ligne donnée par $u = 0$ est le système de trois droites, il en est donc de même de la ligne H. Pour établir ici à quelles conditions l'équation $u + KH = 0$ représente un système de trois droites, il n'y a donc qu'à établir les conditions d'après lesquelles cette équation est équivalente à l'équation Hessienne qui s'y rapporte.

Dans son traité des courbes planes, page 182, § 196 et 197, Salmon donne les valeurs des coefficients de H en fonction des coefficients de u; elles en sont des fonctions du 3ᵉ degré. Les équations de condition dont il s'agit, qui s'ensuivent, sont réductibles à trois. Quand on substitue dans l'une de ces équations, à la place des coefficients de u, ceux de $u+KH$, on obtient une équation du 4e degré en K.

Un moyen, paraissant plus direct, d'avoir les conditions requises pour que l'équation $u=0$ représente le système de trois droites, serait de former l'équation du système des asymptotes et d'établir que les deux équations représentent la même ligne. Comme les termes du 3e et du 2e degrés sont les mêmes dans les deux équations, il en résulterait immédiatement trois équations de condition. Mais celles que l'on obtient ainsi sont du 5e degré, par rapport aux coefficients de u, elles ne sont pas aussi simples que celles auxquelles on est conduit par l'autre voie et ne conviendraient pas pour notre objet.

L'équation en K du 4e degré a deux racines réelles et deux racines imaginaires. L'une des racines réelles est telle que par elle la fonction $u+KH$ est le produit de trois facteurs réels du premier degré; par l'autre cette fonction devient le produit d'un facteur réel et de deux facteurs imaginaires conjugués; puis chaque racine imaginaire donne trois facteurs imaginaires, et comme ces racines sont conjuguées, les facteurs qui leur correspondent sont respectivement conjugués.

Nous ne pouvons ici démontrer ces faits immédiatement, mais ils ressortiront sans peine de développements analytiques ultérieurs.

Nous nous bornerons pour le moment à faire remarquer que les quatre valeurs de K ne peuvent être imaginaires. Comme la ligne u ne comprend aucune droite, hypothèse implicitement faite, les deux polynômes u et H n'ont pas de facteur du premier degré commun, les facteurs du premier degré de $u+KH$ sont donc tous imaginaires quand une valeur de K est imaginaire. Or les 12 facteurs qui répondent aux quatre valeurs de K ne peuvent être imaginaires à la fois. Il y a en effet des axes d'inflexion qui sont réels, puisque tel est l'axe de deux points réels ou de deux points imaginaires conjugués.

DE L'ÉQUATION $u=0$ SOUS LA FORME $A^3+B^3+C^3-3hABC=0$.

4. Nous avons établi que si $\alpha=0$, $\beta=0$, $\gamma=0$ sont les équations des tangentes en trois points d'inflexion situés sur un même axe ($A=0$), l'équation de la courbe peut se mettre sous la forme

$$\alpha\beta\gamma = A^3,$$

et réciproquement.

A cette forme se rattache une autre, non moins remarquable :

$$A^3 + B^3 + C^3 - 3hABC = 0.$$

Considérons en effet cette dernière équation, en la mettant sous la forme

$$(hA)^3 + B^3 + C^3 - 3(hA)BC = (h^3 - 1)A^3;$$

on voit, eu égard à une propriété connue de la fonction $a^3+b^3+c^3-3abc$, qu'elle revient à

$$(hA + B + C)(hA + Bj + Cj^2)(hA + Bj^2 + Cj) = (h^3 - 1)A^3;$$

j désignant l'une des racines cubiques imaginaires de l'unité. Elle représentera donc le même lieu que l'équation $\alpha\beta\gamma = A^3$, si l'on a

$$\begin{aligned} hA + B + C &= m\alpha, \\ hA + Bj + Cj^2 &= n\beta, \\ hA + Bj^2 + Cj &= p\gamma, \\ mnp &= h^3 - 1, \end{aligned}$$

m, n, p étant trois nouvelles constantes.

De là on tire

$$\begin{aligned} hA &= \frac{m\alpha + n\beta + p\gamma}{3}, \\ B &= \frac{m\alpha + n\beta j^2 + p\gamma j}{3}, \\ C &= \frac{m\alpha + n\beta j + p\gamma j^2}{3}. \end{aligned}$$

Si les trois droites $\alpha=0$, $\beta=0$, $\gamma=0$ ne se coupent pas au même point, c'est-à-dire si γ n'est pas une fonction linéaire homogène de α et de β, on peut exprimer A sous la forme

$$A = a\alpha + b\beta + c\gamma,$$

et l'on aura ici a, b, c différents de zéro. Ce sont des constantes que nous pouvons supposer connues, étant données α, β, γ, A.

Il s'ensuivra

$$m = 3ah, \quad n = 3bh, \quad p = 3ch,$$
$$27h^3abc = h^3 - 1\,;$$

d'où

$$h^3 = \frac{1}{1 - 27abc} \gtrless 1.$$

Ainsi pour déterminer la forme d'équation

$$A^3 + B^3 + C^3 - 3hABC = 0,$$

nous avons les relations

$$h^3 = \frac{1}{1 - 27abc},$$
$$A = a\alpha + b\beta + c\gamma, \quad B = h(a\alpha + b\beta j^2 + c\gamma j), \quad C = h(a\alpha + b\beta j + c\gamma j^2).$$

Les trois valeurs de h résultant de $h^3 = \dfrac{1}{1 - 27abc}$ reviennent à une seule, car si h se change en hj, les valeurs de B et de C deviennent Bj, Cj^2, l'équation de la courbe reste la même.

Remarquons qu'on ne peut avoir à la fois $A = 0$, $B = 0$, $C = 0$, à moins qu'on n'ait à la fois $\alpha = 0$, $\beta = 0$, $\gamma = 0$, puisque l'on a

$$\begin{vmatrix} a, & b, & c, \\ ha, & hbj^2, & hcj, \\ ha, & hbj, & hcj^2, \end{vmatrix} = abch^2(j^2 - j).$$

Si les points d'inflexion où les tangentes sont les droites α, β, γ sont réels, les fonctions désignées par α, β, γ sont réelles, ainsi que A, par suite les coefficients a, b, c et le facteur h le sont aussi. Mais les fonctions B et C sont alors imaginaires conjuguées. Pour qu'elles fussent réelles, il les faudrait égales; il faudrait pour cela avoir identiquement $b\beta = c\gamma$, par suite $A = a\alpha + 2b\beta$, ce qui n'est pas, puisque la droite A détermine les points d'inflexion avec les droites α, β, γ.

5. Soit considérée l'équation de la courbe u sous cette forme

$$A^3 + B^3 + C^3 - 3hABC = 0.$$

Comme on l'a vu, la droite A passe par trois points d'inflexion I, I', I'' où les tangentes ont pour équations

$$hA + B + C = 0, \quad hA + Bj + Cj^2 = 0, \quad hA + Bj^2 + Cj = 0.$$

Vu la symétrie de l'équation, la droite B contient également trois points d'inflexion où les tangentes sont données par

$$hB + C + A = 0, \quad hB + Cj + Aj^2 = 0, \quad hB + Cj^2 + Aj = 0,$$

et la droite C trois points d'inflexion où les tangentes sont données par

$$hC + A + B = 0, \quad hC + Aj + Bj^2 = 0, \quad hC + Aj^2 + Bj = 0.$$

Les points situés sur A sont en conséquence déterminés par les systèmes d'équations

$$\begin{cases} A = 0 \\ B + C = 0, \end{cases} \quad \begin{cases} A = 0 \\ B + Cj = 0, \end{cases} \quad \begin{cases} A = 0 \\ Bj + C = 0; \end{cases}$$

les points situés sur B le sont par

$$\begin{cases} B = 0 \\ C + A = 0, \end{cases} \quad \begin{cases} B = 0 \\ C + Aj = 0, \end{cases} \quad \begin{cases} B = 0 \\ Cj + A = 0, \end{cases}$$

et les points situés sur C par

$$\begin{cases} C = 0 \\ A + B = 0, \end{cases} \quad \begin{cases} C = 0 \\ A + Bj = 0, \end{cases} \quad \begin{cases} C = 0 \\ Aj + B = 0. \end{cases}$$

Ce sont là des points différents, ce sont donc les 9 points d'inflexion de la ligne et ils sont répartis par trois sur les axes d'inflexion A, B, C.

6. L'équation hessienne, déduite de cette forme d'équation

$$A^3 + B^3 + C^3 - 3hABC = 0,$$

est

$$\begin{vmatrix} 6A, & -3hC, & -3hB \\ -3hC, & 6B, & -3hA \\ -3hB, & -3hA, & 6C \end{vmatrix} = 0, \quad \text{ou} \quad \begin{vmatrix} 2A, & -hC, & -hB \\ -hC, & 2B, & -hA \\ -hB, & -hA. & 2C \end{vmatrix} = 0;$$

ce qui donne

$$A^3 + B^3 + C^3 - \frac{4 - h^3}{h^2} ABC = 0;$$

elle est de même forme que la proposée. Mais elle en est distincte, tant que h est différent de 1. En soustrayant les deux équations l'une de l'autre, il vient

$$ABC = 0,$$

pour un système de droites passant par les points d'inflexion : c'est le résultat précédemment établi.

7. On déduit immédiatement du tableau d'équations qui déterminent ci-dessus les 9 points d'inflexion un second système de droites comprenant les 9 points.

Les points auxquels sont relatives les équations de la première colonne, sont situés sur la droite qui a pour équation

$$A + B + C = 0,$$

ceux auxquels se rapportent les équations de la seconde colonne sur la droite

$$A + Bj + Cj^2 = 0,$$

et ceux qui concernent les équations de la troisième colonne sur la droite

$$A + Bj^2 + Cj = 0.$$

Le système de ces trois axes a pour équation

$$(A+B+C)(A+Bj+Cj^2)(A+Bj^2+Cj) = A^3+B^3+C^3-3ABC = 0.$$

D'après cela, l'équation

$$A^3+B^3+C^3-3hABC = 0,$$

donne par $h = \infty$, et $h = 1$, deux systèmes d'axes comprenant les 9 points d'inflexion.

Si h vient à varier, l'équation ne sera qu'une combinaison linéaire des équations de ces deux systèmes, la ligne passera donc par les mêmes points d'inflexion, et les aura pour ses points d'inflexion. En particulier la ligne $H = 0$ a les mêmes points d'inflexion que la ligne u ; il en sera de même de la ligne donnée par $H(H) = 0$, et ainsi de suite.

8. Il n'est pas moins aisé d'obtenir les équations des deux autres systèmes d'axes comprenant tous les points d'inflexion.

Les points donnés par

$$\begin{cases} A=0 \\ B+C=0, \end{cases} \quad \begin{cases} B=0 \\ C+Aj=0, \end{cases} \quad \begin{cases} C=0 \\ Aj+B=0 \end{cases}$$

sont situés sur la droite

$$Aj+B+C=0.$$

De même les points

$$\begin{cases} B=0 \\ C+A=0, \end{cases} \quad \begin{cases} C=0 \\ A+Bj=0, \end{cases} \quad \begin{cases} A=0 \\ C+Bj=0 \end{cases}$$

le sont sur la droite

$$Bj+C+A=0,$$

et les points

$$\begin{cases} C=0, \\ A+B=0, \end{cases} \quad \begin{cases} A=0 \\ B+Cj=0, \end{cases} \quad \begin{cases} B=0 \\ A+Cj=0 \end{cases}$$

sur la droite

$$Cj+A+B=0.$$

Ce sont là trois axes dont le système a pour équation

$$A^3+B^3+C^3-3jABC=0.$$

Si dans les mêmes équations on change j en j^2 soit pour les points, soit pour les droites, on aura les axes du quatrième système, et l'équation de ce système sera

$$A^3+B^3+C^3-3j^2ABC=0.$$

9. Soient I, I', I'' les points que porte l'axe A, I_1, I'_1, I_1'' ceux de l'axe B et I_2, I'_2, I''_2 ceux de C.

Estimons que I, I_1, I_2 sont les points situés sur l'axe $A+B+C=0$, I', I'_1, I'_2 les points situés sur l'axe $A+Bj+Cj^2=0$, et I'', I''_1, I''_2 les points situés sur l'axe $A+Bj^2+Cj=0$.

Alors les points de l'axe

$$Aj+B+C \quad \text{sont} \quad I\, I'_1\, I''_2$$

ceux de l'axe

$$Bj+C+A \quad \text{»} \quad I_1\, I'_2\, I''$$

ceux de l'axe

$$Cj+A+B \quad \text{»} \quad I_2\, I'\, I''_1$$

Pareillement les points de l'axe

de l'axe $Aj^2 + B + C$ sont $I\,I'_2\,I''_1$

de l'axe $Bj^2 + C + A$ » $I_1\,I'\,I''_2$

$Cj^2 + A + B$ » $I_2\,I'_1\,I''$

de sorte que les quatre systèmes d'axes portant les 9 points sont composés:

le premier des droites $\begin{cases} I\,I'\,I'' \\ I_1\,I'_1\,I_1'' \\ I_2\,I'_2\,I''_2 \end{cases}$ le second des droites $\begin{cases} I\,I_1\,I_2 \\ I'\,I'_1\,I'_2 \\ I''\,I''_1\,I''_2 \end{cases}$

le troisième des droites $\begin{cases} I\,I'_1\,I''_2 \\ I_1\,I'_2\,I'' \\ I_2\,I'\,I''_1 \end{cases}$ et le quatrième des droites $\begin{cases} I\,I'_2\,I''_1 \\ I_1\,I'\,I''_2 \\ I_2\,I'_1\,I'' \end{cases}$

10. Si les fonctions A, B, C ou les droites du premier système sont réelles, la première du second système l'est aussi, mais les deux autres du second système sont imaginaires, et conjuguées. Puis les droites du troisième système sont imaginaires toutes trois, ainsi que celles du quatrième, celles-ci conjuguées des précédentes.

D'après cela, si une valeur réelle de K fait de $u + kH$ le produit de trois facteurs réels, la seconde valeur réelle de K en fera le produit de deux facteurs imaginaires conjugués et d'un facteur réel. Les deux autres valeurs de K ne pourront être qu'imaginaires, et comme elles seront conjuguées, les facteurs répondant à l'une seront conjugués des facteurs qui correspondent à l'autre.

Il est donc établi que sur les douze axes d'inflexion, il n'y en a pas plus de quatre qui soient réels, si ceux d'un même système peuvent être réels à la fois. Nous pouvons en conclure qu'il y a au moins six points d'inflexion imaginaires.

D'abord, puisqu'il y a des axes imaginaires, il y a des points d'inflexion qui le sont aussi. Soit I un point imaginaire. Considérons les quatre axes qui partent de ce point. L'un d'eux passe au point conjugué de I, il est donc réel, il s'y trouve un troisième point également réel. Aucun des trois autres axes ne peut être réel; chacun d'eux contient donc, outre le point I, deux points imaginaires qui ne sont ni conjugués entre eux, ni l'un ni l'autre conjugué au point I. Mais aux trois points imaginaires situés ainsi sur l'un des trois axes, il en correspond trois autres qui leur sont conjugués. Il y a donc pour le moins six points imaginaires deux à deux conjugués, de sorte qu'il s'en trouve soit trois de réels, soit un seul.

Voyons s'il est possible qu'un seul point d'inflexion I soit réel. S'il en est ainsi, l'axe de deux points imaginaires conjugués étant réel, il y aura quatre axes réels provenant des quatre couples de points conjugués; chacun d'eux contenant un troisième point réel, ils concourront en I, ils seront les quatre axes partant de ce point, à savoir $II'I''$, II_1I_2, $II_1'I_2''$, $II_2'I_1''$. Quant aux autres axes, ils seront tous imaginaires; par exemple sur les axes $II'I''$, $I'I_1'I_2'$, $I_2I'I''$, $I_1I'I_2''$ passant en I' le premier seul sera réel. Les quatre systèmes d'axes seront donc composés chacun d'une droite réelle partant du point I et de deux droites imaginaires conjuguées l'une de l'autre. Les valeurs de K seront en conséquence toutes réelles, puisque chacune donnera un facteur réel et deux facteurs conjugués. Or les équations des quatre systèmes de droites sont, comme on l'a vu,

$$ABC=0, \quad A^3+B^3+C^3-3ABC=0, \quad A^3+B^3+C^3-3jABC=0, \quad A^3+B^3+C^3-3j^2ABC=0.$$

Si le facteur A est réel, que B et C soient imaginaires conjugués, les deux premières équations sont réelles, elles correspondent à deux valeurs de K réelles. Mais les deux autres équations sont imaginaires, elles ne peuvent donc provenir de valeurs de K qui soient réelles.

Donc l'hypothèse qu'un seul point d'inflexion soit réel n'est pas admissible. Il y a par conséquent trois points réels et six points imaginaires.

L'axe de deux points d'inflexion réels comprend le troisième. Il répond à une valeur de K réelle; les deux autres axes répondant à la même valeur de K sont imaginaires conjuguées, comprenant, l'un trois points imaginaires, l'autre les trois points qui leur sont conjugués. Soient $A=0$, $B=0$, $C=0$, les équations de ces trois axes. L'équation $A^3+B^3+C^3-3ABC=0$ d'un second système sera réelle, elle proviendra d'une seconde valeur de K réelle. Mais cette équation se subdivise en les trois équations

$$A+B+C=0, \qquad A+Bj+Cj^2=0, \qquad A+Bj^2+Cj=0$$

qui sont ici réelles. La valeur de K dont il s'agit donne lieu en conséquence à trois facteurs réels.

Les équations des deux autres systèmes

$$A^3+B^3+C^3-3jABC=0, \qquad A^3+B^3+C^3-3j^2ABC=0,$$

sont imaginaires et conjuguées l'une de l'autre. Elles correspondent donc à deux valeurs de K imaginaires et conjuguées.

Ainsi se trouvent établis les résultats annoncés à l'égard de l'équation en K.

DES DIFFÉRENTES MANIÈRES D'AVOIR L'ÉQUATION $u=0$ SOUS LA FORME

$$A^3+B^3+C^3-3hABC=0.$$

11. Nous avons déduit l'équation $A^3+B^3+C^3-3hABC=0$ de l'équation $\alpha\beta\gamma=A^3$, en ce qu'elle n'est autre chose que

$$(hA+B+C)(hA+Bj+Cj^2)(hA+Bj^2+Cj)=(h^3-1)A^3.$$

Proposons-nous d'obtenir les formes du même genre qui correspondent aux trois systèmes d'axes autres que le système A, B, C.

Nous avons établi comme équations des axes d'un second système

$$A_1=A+B+C=0, \quad B_1=A+Bj+Cj^2=0, \quad C_1=A+Bj^2+Cj=0.$$

Or l'on a

$$A_1^3+B_1^3+C_1^3=3(A^3+B^3+C^3)+18ABC, \quad A_1B_1C_1=A^3+B^3+C^3-3ABC,$$

ce qui donne

$$A_1^3+B_1^3+C_1^3-3h'A_1B_1C_1=3(1-h')\left(A^3+B^3+C^3-3\frac{h'+2}{h'-1}ABC\right)$$

L'équation de la courbe sera donc

$$A_1^3+B_1^3+C_1^3-3h'A_1B_1C_1=0,$$

si l'on pose

$$h=\frac{h'+2}{h'-1}, \quad \text{ou} \quad h'=\frac{h+2}{h-1}, \; hh'-(h+h')-2=0.$$

De même les équations d'un troisième système d'axes étant

$$A_2=Aj+B+C=0,$$
$$B_2=Bj+C+A=0,$$
$$C_2=Cj+A+B=0,$$

l'on a

$$A_2^3+B_2^3+C_2^3=3(A^3+B^3+C^3)+18\,ABCj, \quad \text{et} \quad A_2\,B_2\,C_2=j\,(A^3+B^3+C^3-3ABCj),$$

d'où

$$A_2^3+B_2^3+C_2^3-3h''\,A_2\,B_2\,C_2=3\,(1-h''j)\left(A^3+B^3+C^3-3\,\frac{2j+h''j^2}{h''j-1}\,ABC\right)=0$$

pour l'équation de la courbe, si l'on pose

$$\frac{2j+h''j^2}{h''j-1}=h, \qquad \text{ou} \qquad h''=\frac{h+2j}{hj-j^2},$$

c'est-à-dire

$$hh''-(hj^2+h''j)-2=0.$$

Pour le quatrième système, les équations étant

$$A_3=Aj^2+B+C=0, \quad B_3=Bj^2+C+A=0, \quad C_3=Cj^2+A+B=0,$$

on a également

$$A_3^3+B_3^3+C_3^3-3h'''\,A_3\,B_3\,C_3=3\,(1-h'''j^2)\left(A^3+B^3+C^3-3\,\frac{h'''j+2j^2}{h'''j^2-1}ABC\right)=0$$

pour équation de la courbe, moyennant

$$h'''=\frac{2j^2+h}{hj^2-j} \qquad \text{ou} \qquad hh'''-(hj+h'''j^2)-2=0.$$

12. Quand on a obtenu une racine de l'équation en K, et qu'on a résolu en facteurs du premier degré la valeur correspondante de l'expression $u+KH$, il n'y a plus que des équations du premier degré à résoudre pour déterminer tous les points et les axes d'inflexion.

Soient α, β, γ les facteurs de $u+KH$, pour une valeur connue de K. Si m, n, p, q désignent des constantes convenables, on aura identiquement

$$A^3+B^3+C^3-3hABC=qu,$$
$$A=m\alpha, \quad B=n\beta, \quad C=p\gamma,$$

par conséquent,

$$m^3\alpha^3+n^3\beta^3+p^3\gamma^3-3h\,mnp\,\alpha\beta\gamma=qu.$$

En égalant les coefficients des termes semblables en x et en y, on aura des équations du premier degré pour déterminer $m^3, n^3, p^3, hmnp, q$. A la valeur de m^3 il correspondra pour m trois valeurs $\mu, \mu j, \mu j^2$, il en sera de même pour n et p. En associant de toutes manières ces valeurs, on trouve par les unes une même valeur de h, par d'autres le produit de cette valeur et de j, et le produit par j^2. Il en résulte la même équation

$$A^3 + B^3 + C^3 - 3hABC = 0.$$

Cette équation obtenue, on en déduira comme on l'a vu, les formes

$$A_1^3 + B_1^3 + C_1^3 - 3h_1 A_1 B_1 C_1 = 0,$$
$$A_2^3 + B_2^3 + C_2^3 - 3h_2 A_2 B_2 C_2 = 0,$$
$$A_3^3 + B_3^3 + C_3^3 - 3h_3 A_3 B_3 C_3 = 0.$$

Les valeurs de K s'ensuivront immédiatement. Par exemple en faisant

$$u + K_1 H = q_1 A_1 B_1 C_1,$$

on aura une identité qui donnera des équations du premier degré pour déterminer K_1 et q_1.

Les points et les axes d'inflexion seront d'ailleurs, d'après les développements précédents, immédiatement fixés.

CAS SINGULIER OU L'ÉQUATION DU 3me DEGRÉ N'EST PAS SUSCEPTIBLE DE LA FORME $A^3 + B^3 + C^3 - 3hABC = 0$.

13. L'équation $A^3 + B^3 + C^3 - 3hABC = 0$ n'a été déduite de l'équation $\alpha\beta\gamma = A^3$ qu'à une condition, c'est que les trois tangentes α, β, γ ne concourent pas en un même point.

Nous avons donc encore à reconnaître ce que sont les points et les axes d'inflexion lorsque cette condition n'est pas remplie.

Soit considérée l'équation $u = A^3 - 3\alpha\beta\gamma = 0$, lorsque l'on a $A = m\alpha + n\beta + 1$ et $\gamma = p\alpha + q\beta$, de sorte que

$$u = A^3 - 3\alpha\beta\gamma = (m\alpha + n\beta + \upsilon)^3 - 3\alpha\beta(p\alpha + q\beta),$$

$\upsilon = 1$ n'étant introduit que pour l'homogénéité.

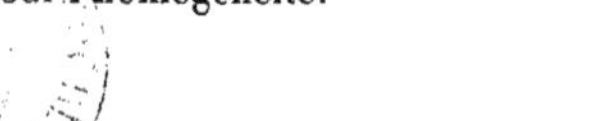

L'équation de Hessę pourra se prendre sous la forme

$$H = \begin{vmatrix} \frac{d^2u}{d\alpha^2} & \frac{d^2u}{d\alpha d\beta} & \frac{d^2u}{d\alpha d\upsilon} \\ \frac{d^2u}{d\beta d\alpha} & \frac{d^2u}{d\beta^2} & \frac{d^2u}{d\beta d\upsilon} \\ \frac{d^2u}{d\upsilon d\alpha} & \frac{d^2u}{d\upsilon d\beta} & \frac{d^2u}{d\upsilon^2} \end{vmatrix} = 0,$$

de là

$$H = \begin{vmatrix} m^2A - p\beta, & mnA - \gamma, & mA \\ mnA - \gamma, & n^2A - q\alpha, & nA \\ mA, & nA, & A \end{vmatrix} = \begin{vmatrix} -\beta p & -\gamma & m \\ -\gamma & -\alpha q & n \\ 0 & 0 & 1 \end{vmatrix} A = (pq\alpha\beta - \gamma^2)A = 0.$$

Les points d'inflexion sont donnés par

$$A = 0 \quad \text{et} \quad \alpha\beta\gamma = 0,$$

puis par

$$pq\alpha\beta - \gamma^2 = 0 \quad \text{et} \quad A^3 - 3\alpha\beta\gamma = 0.$$

L'équation $pq\alpha\beta - \gamma^2 = 0$ donne $q\beta = jp\alpha$, $q\beta = j^2p\alpha$; on en déduit les 9 points d'inflexion par les couples d'équation qui suivent :

$$I, I', I'' \quad \begin{cases} A = 0 \\ \alpha = 0, \end{cases} \qquad \begin{cases} A = 0 \\ \beta = 0, \end{cases} \qquad \begin{cases} A = 0 \\ \gamma = 0, \end{cases}$$

$$I_1, I'_1, I''_1 \quad \begin{cases} q\beta = p\alpha j \\ A + \alpha\left(\frac{3p^2}{q}\right)^{\frac{1}{3}} = 0, \end{cases} \qquad \begin{cases} q\beta = p\alpha j \\ A + \alpha j\left(\frac{3p^2}{q}\right)^{\frac{1}{3}} = 0, \end{cases} \qquad \begin{cases} q\beta = p\alpha j^2 \\ A + \alpha j^2\left(\frac{3p^2}{q}\right)^{\frac{1}{3}} = 0, \end{cases}$$

$$I_2, I'_2, I''_2 \quad \begin{cases} q\beta = p\alpha j^2 \\ A + \alpha\left(\frac{3p^2}{q}\right)^{\frac{1}{3}} = 0, \end{cases} \qquad \begin{cases} q\beta = p\alpha j^2 \\ A + \alpha j^2\left(\frac{3p^2}{q}\right)^{\frac{1}{3}} = 0, \end{cases} \qquad \begin{cases} q\beta = p\alpha j^2 \\ A + \alpha j^2\left(\frac{3p^2}{q}\right)^{\frac{1}{3}} = 0. \end{cases}$$

14. Nous avons là un premier système d'axes ayant pour équations

$$A = 0, \quad q\beta = p\alpha j, \quad q\beta = p\alpha j^2.$$

Les deux seconds axes de ce système concourent avec les tangentes aux points d'inflexion situés sur le premier.

Les axes d'un second système II_1I_2, $I'I'_1I'_2$, $I''I''_1I''_2$ sont donnés par les équations

$$A + \alpha\left(\frac{3p^2}{q}\right)^{\frac{1}{3}} = 0, \quad A + \frac{q}{p}\beta\left(\frac{3p}{q}\right)^{\frac{1}{3}} = 0, \quad A - \gamma\left(\frac{3}{pq}\right)^{\frac{1}{3}} = 0,$$

ceux d'un troisième, II'_1 I''_2, I_1 I'_2 I'', I_2 I' I''_1 le sont par

$$A + \alpha j \left(\frac{3p^2}{q}\right)^{\frac{1}{3}} = 0, \quad A - \frac{j}{p}\left(\frac{3p^2}{q}\right)^{\frac{1}{3}}(p\alpha + q\beta) = 0, \quad A + \frac{q\beta}{p} j \left(\frac{3p^2}{q}\right)^{\frac{1}{3}} = 0,$$

et ceux du quatrième, II'_2 I''_1, I_1 I' I''_2, I_2 I'_1 I'' le sont par

$$A + \alpha j^2 \left(\frac{3p^2}{q}\right)^{\frac{1}{3}}, \quad A + \frac{q\beta}{p} j^2 \left(\frac{3p^2}{q}\right)^{\frac{1}{3}} = 0, \quad A - \frac{j^2\gamma}{p}\left(\frac{3p^2}{q}\right)^{\frac{1}{3}} = 0.$$

Il est aisé de reconnaître que dans chaque système, les tangentes à la courbe aux trois points situés sur un axe concourent avec les deux autres axes du système.

Si les trois points d'inflexion I, I', I'' situés sur l'axe A sont réels, les trois points I_1, I'_1, I''_1, d'après les équations qui les déterminent, sont imaginaires, et les trois points I_2, I'_2, I''_2 leur sont conjugués.

Le cas singulier qui nous occupe n'étant, après tout, qu'un cas limite du cas général, il s'y trouve au moins trois points d'inflexion réels. On vient de voir qu'il n'y en a pas davantage. Donc dans ce cas les points d'inflexion réels sont également au nombre de trois, et les points imaginaires conjugués deux à deux au nombre de six.

15. Le point de concours des tangentes à la courbe aux trois points situés sur un axe est un point tel que la polaire conique correspondante consiste comme droite double en cet axe même.

En effet, l'équation de la courbe étant $A^3 - 3\,\alpha\,\beta\,\gamma = 0$, celle de la polaire conique d'un point $(\alpha_1\ \beta_1\ \gamma_1)$ est

$$A^2 A_1 - \beta\gamma\alpha_1 - \gamma\alpha\beta_1 - \alpha\beta\gamma_1 = 0;$$

pour le point de concours ($\alpha_1 = 0$, $\beta_1 = 0$, $\gamma_1 = 0$), cette équation devient

$$A^2 A_1 = 0, \quad \text{ou} \quad A^2 = 0.$$

En cherchant ce qu'est la polaire conique du point de rencontre de deux axes d'un même système, on pourra donc décider si l'on est ou non dans le cas singulier qui vient de nous occuper.

CHAPITRE II

Des points Steiner.

16. Le célèbre géomètre J. Steiner, dans un mémoire lu à l'Académie de Berlin le 27 novembre 1845, a signalé l'existence sur une ligne du troisième ordre de 27 points en chacun desquels la courbe peut avoir avec une conique un contact du cinquième ordre. Un extrait de cette communication est inséré dans le journal de mathématiques pures et appliquées, publié par M. Liouville (tome XI, 1846).

Je me propose dans les pages qui vont suivre, en m'appuyant sur les considérations qui viennent d'être présentées, de traiter des propriétés de ces points avec plus de détails ou de précision que Steiner ne paraît l'avoir fait; on verra qu'il s'est glissé quelques inexactitudes dans les résultats qu'il indique.

Désignons par P une fonction entière en x et en y du second degré, par L et M deux fonctions du premier degré. L'équation

$$MP + L^3 = 0$$

sera celle d'une ligne du troisième degré ayant avec la conique qui a pour équation

$$P = 0$$

un point de rencontre sextuple, si l'équation $L = 0$ est celle d'une tangente à la conique, c'est-à-dire, si l'on a

$$P = L\alpha - \beta^2,$$

α et β étant deux fonctions du premier degré.

La droite $M = 0$ sera une tangente à la courbe du troisième degré à sa rencontre avec la droite $L = 0$, et ce point, d'après la forme de l'équation, sera un point d'inflexion de cette ligne.

Les points de rencontre de la droite L avec la courbe sont, son point d'intersection avec la droite M, et son point de tangence sur la conique. Ce dernier point est à l'égard de la courbe comme à l'égard de la conique un point double.

17. Réciproquement, une ligne quelconque du troisième degré étant donnée par son équation $u = 0$, soit $M = 0$ l'équation de la tangente en l'un des neuf points d'inflexion, et soit $L = 0$ celle d'une tangente menée de ce point à la courbe; l'équation $u = 0$ pourra se mettre sous la forme

$$L^3 + kM(L\alpha - \beta^2) = 0$$

en disposant convenablement de l'indéterminée k et des fonctions du premier degré α et 6.

En effet, quand on se donne ainsi un point d'inflexion, la tangente à la courbe en ce point, et une seconde tangente menée à la courbe par le même point, il ne reste plus dans l'équation générale que cinq paramètres à déterminer. Or, dans l'équation

$$L^3 + kM(L\alpha - \beta^2) = 0,$$

les paramètres indéterminés sont bien au nombre de cinq, à savoir le facteur k et quatre autres provenant de $L\alpha - \beta^2$.

La transformation opérée, on aura par l'équation

$$L\alpha - \beta^2 = 0$$

une conique ayant avec la courbe u un contact du cinquième ordre au point de tangence de la droite L.

Il ressort de là que les points de la courbe u en chacun desquels puisse passer une conique qui ne rencontre la courbe qu'en ce point sont les points de contact des tangentes menées à la courbe par les différents points d'inflexion.

18. On sait que la polaire conique relative à chaque point d'inflexion, première polaire relative à ce point, est le système de deux droites, dont l'une est la tangente au point d'inflexion, et l'autre l'axe harmonique du point par rapport aux points de rencontre de la courbe autres que le point d'inflexion avec les sécantes qui en sont issues. A chaque point d'inflexion, il correspond en conséquence trois des points que nous considérons (nous les dirons, pour abréger, des points Steiner). Puisqu'il y a neuf points d'inflexion, leur nombre est de 27.

Nous pouvons, comme l'a fait M. Serret dans son traité d'algèbre supérieure, nous rendre compte de l'existence des points Steiner, en nous appuyant sur la propriété des points d'inflexion que nous venons de rappeler.

Considérons trois sécantes issues d'un point d'inflexion I, les six autres points où elles coupent la courbe sont situés sur une conique, puisque les points conjugués harmoniques de I sur ces sécantes par rapport à ces points deux à deux appartiennent à une même droite. Mais si l'on fait tendre les trois sécantes vers une même position limite, qui soit une tangente à la courbe, la conique aura une position limite qui sera une conique ayant le point de tangence pour point sextuple de rencontre avec la courbe.

L'équation de la courbe se prenant sous la forme

$$L^3 + kM(L\alpha - \beta^2) = 0,$$

l'équation de la première polaire pour un point $(x_1\ y_1\ z_1)$ est

$$3L^2L_1 + kM_1(L\alpha - \beta^2) + kM(L_1\alpha + L\alpha_1 - 2\beta\beta_1) = 0;$$

elle se réduit pour le point d'inflexion ($L_1 = 0$, $M_1 = 0$) à

$$M(L\alpha_1 - 2\beta\beta_1) = 0,$$

c'est-à-dire que l'équation de l'axe harmonique relatif au point I est

$$L\alpha_1 - 2\beta\beta_1 = 0.$$

Cet axe se rapporte aussi à la conique osculatrice, c'est la polaire du point I à l'égard de cette conique, fait qui ressort immédiatement de la considération géométrique qui précède.

Les trois coniques qui correspondent à un même point d'inflexion I présentant ainsi pour ce point la même polaire, le point d'inflexion est le centre commun de trois couples de droites contenant chacun les points communs à deux de ces coniques.

DÉTERMINATION DES POINTS STEINER ET D'AUTRES POINTS QUI S'Y RATTACHENT AU MOYEN DE L'ÉQUATION $A^3 + B^3 + C^3 - 3hABC = 0$.

19. Supposons que les tangentes aux points d'inflexion de la courbe u situés sur un même axe ne concourent pas. L'équation de la courbe pourra se prendre sous la forme

$$A^3 + B^3 + C^3 - 3hABC = 0.$$

Considérons les points d'inflexion I, I_1, I_2 situés sur l'axe dont l'équation est

$$A + B + C = 0.$$

Le point I étant donné par $A=0$, $B+C=0$, l'équation de la première polaire correspondante est

$$B_1 (hA + B + C)(B - C) = 0;$$

comme la tangente de I est donnée par $hA+B+C=0$, l'axe harmonique l'est par

$$B - C = 0.$$

De même les deux axes qui correspondent aux points I_1, I_2 ont pour équations

$$C - A = 0,$$
$$A - B = 0.$$

Les trois axes harmoniques concourent donc en un point Q, pour lequel on a

$$A = B = C,$$

de sorte que ce point n'appartient pas à la courbe, vu que l'on a $h \gtrless 1$.

Il y a 12 points Q, puisqu'il en correspond un à chaque point d'inflexion. Ils sont déterminés par les équations suivantes :

Axes d'inflexion du 1er système,	$II'I''$	$A=0$	Points correspondants,	Q_1	$B=0, C=0$
	$I_1I_1'I_1''$	$B=0$		Q_2	$C=0, A=0$
	$I_2I_2'I_2''$	$C=0$		Q_3	$A=0, B=0$
2e système,	II_1I_2	$A+B+C=0$	»	Q_1'	$A=B=C$
	$I'I_1'I_2'$	$A+Bj+Cj^2=0$		Q_2'	$Aj=Bj^2=C$
	$I''I_1''I_2''$	$A+Bj^2+Cj=0$		Q_3'	$Aj^2=Bj=C$
3e système,	$II_1'I_2''$	$jA+B+C=0$	»	Q_1''	$Aj=B=C$
	$I_1I_2'I''$	$jB+C+A=0$		Q_2''	$Bj=C=A$
	$I_2I'I_1''$	$jC+A+B=0$		Q_3''	$Cj=A=B$
4e système,	$II_2'I_1''$	$j^2A+B+C=0$	»	Q_1'''	$Aj^2=B=C$
	$I_1I'I_2''$	$j^2B+C+A=0$		Q_2'''	$Bj^2=C=A$
	$I_2I_1'I''$	$j^2C+A+B=0$		Q_3'''	$Cj^2=A=B.$

On voit que sur l'axe A se trouvent les points Q_2, Q_3, sur B les points Q_3, Q_1, et sur C les points Q_1, Q_2, c'est-à-dire que les points Q_1, Q_2, Q_3 sont les sommets du triangle des axes d'inflexion A, B, C, respectivement opposés à ces côtés.

Il en est de même pour chaque système d'axes d'inflexion et de points Q correspondants.

Les trois points Q de chaque système sont distincts les uns des autres, puisque les trois axes d'inflexion correspondants forment un triangle.

Si les trois points d'inflexion réels sont I, I_1, I_2, les droites A, B, C, ainsi que la droite $A+B+C$ sont réelles, et ces quatre axes d'inflexion sont les seuls qui soient réels. Il en résulte que les points Q_1, Q_2, Q_3 du premier système sont réels, ainsi que le point Q'_1 du second; mais les huit autres sont imaginaires. Dans le second système, les points Q'_2, Q'_3 sont conjugués, et les points du troisième système ont pour conjugués ceux du quatrième.

Les points Q de chaque système étant les sommets du triangle des trois axes d'inflexion correspondants sont les points doubles du système de ces trois axes.

Donc quand l'équation $u+KH=0$, par une détermination convenable de K, représente un système de trois droites, les équations

$$\frac{du}{dx}+K\frac{dH}{dx}=0, \quad \frac{du}{dy}+K\frac{dH}{dy}=0, \quad \frac{du}{dz}+K\frac{dH}{dz}=0,$$

qui alors se réduisent à deux, déterminent les trois points Q qui correspondent aux axes d'inflexion déterminés par la valeur de K.

L'élimination de y entre ces équations donnera donc une équation du troisième degré en x. Celle de y et de K entre ces équations et l'équation du quatrième degré qui concerne K donnerait l'équation du douzième degré ayant pour racines les abscisses des 12 points Q.

Mais les points Q seront plus simplement déterminés par les équations qui précèdent, quand on aura fixé les valeurs de A, B, C de la manière qui a été indiquée.

Les quatre points Q qui sont réels présentent une dépendance géométrique qui permet de déduire l'un d'eux des trois autres.

Soit considéré le triangle dont les sommets sont Q_1, Q_2, Q_3; les côtés opposés à ces sommets sont les axes A, B, C. Les trois points d'inflexion réels I, I_1, I_2 sont les points de rencontre des côtés du triangle et du quatrième axe réel $A+B+C$.

Si l'on prend les points harmoniques conjugués de ces points d'inflexion par rapport aux côtés du triangle sur lesquels ils se trouvent, et qu'on joigne ces nouveaux points aux sommets opposés, on a trois droites concourant en un point qui est Q'_1.

20. Soient S, S', S^2 les trois points Steiner qui correspondent au point d'inflexion I que déterminent les équations $A = 0$, $B + C = 0$.

La droite des trois points ayant pour équation $B - C = 0$, l'on a pour ces points

$$B - C = 0, \quad A^3 + B^3 + C^3 - 3hABC = 0,$$

par conséquent

$$A^3 + 2B^3 - 3hAB^2 = 0,$$

ou

$$p^3 - 3hp + 2 = 0,$$

en posant

$$A = Bp.$$

Les trois valeurs de p sont réelles si l'on a $h > 1$; il n'y en a qu'une de réelle si l'on a $h < 1$.

Donc les points d'inflexion réels étant I, I_1, I_2, les 9 points Steiner correspondants sont réels, quand la constante h est > 1 ; mais il n'y en a que trois de réels, un pour chaque point d'inflexion quand cette constante est < 1.

Les points Steiner qui correspondent à un point d'inflexion imaginaire sont imaginaires, car quand un pareil point est réel, la tangente à la courbe y est réelle, son second point de rencontre avec la courbe, le point d'inflexion où elle passe, est donc réel aussi.

21. Lorsque les fonctions A, B, C et la constante h sont connues, la détermination de tous les points S n'exige que la résolution de l'équation

$$p^3 - 3hp + 2 = 0$$

et celle d'équations du premier degré.

Soient p, p_1, p_2 les trois racines de cette équation

$$p^3 - 3hp + 2 = 0.$$

Les trois points S, S', S^2 correspondants au point I sont donnés, comme on vient de le voir, par

$$B - C = 0, \quad B - C = 0, \quad B - C = 0,$$
$$A = Bp, \quad A = Bp_1, \quad A = Bp_2.$$

Les points correspondants à I_1 le seront par

$$C - A = 0 \quad \text{et} \quad 2A^3 + B^3 - 3hA^2B = 0,$$

par conséquent, par

$$\begin{array}{lll} C - A = 0, & C - A = 0, & C - A = 0, \\ B = Ap, & B = Ap_1, & B = Ap_2. \end{array}$$

Nous les désignons par S_1, S'_1, S^2_1.

Les points correspondants à I_2 sont déterminés par

$$A - B = 0, \quad C^3 - 3hB^2C + 2B^3 = 0,$$

c'est-à-dire par

$$\begin{array}{lll} A - B = 0, & A - B = 0, & A - B = 0, \\ C = Bp, & C = Bp_1, & C = Bp_2. \end{array}$$

Ces points se désigneront par S_2, S'_2, S^2_2.

Puis les points correspondants à I' s'obtiennent par

$$\begin{array}{lll} B - Cj = 0, & B - Cj = 0, & B - Cj = 0, \\ A = Bpj, & A = Bp_1j, & A = Bp_2j, \end{array}$$

ils se désigneront par S', S'^1, S'^2;
les points correspondants à I'' par

$$\begin{array}{lll} B - Cj^2 = 0, & B - Cj^2 - 0, & B - Cj^2 = 0, \\ A = Bpj^2, & A - Bp_1j^2 = 0, & A = Bp_2j^2, \end{array}$$

ils se désigneront par S'', S''^1, S''^2; etc.

22. Deux points Steiner sont en ligne droite avec un point d'inflexion ou avec un troisième point Steiner.

La droite $S S_1$ a pour équation

$$A + B - (1 + p) C = 0;$$

elle passe donc au point I_2.

La droite $S S_1'$ a pour équation

$$A (p_1 - 1) + B (p - 1) + C (1 - pp_1) = 0,$$

ce qui peut se transformer à cause de $1 - pp_1 = \frac{1 - p}{p_2} + \frac{1 - p_1}{p_2}$, en

$$(p_1 - 1)(Ap_2 - C) + (p - 1)(Bp_2 - C) = 0;$$

elle passe donc au point S_2^2. La droite S S^2_1 est donnée de même par

$$(p_2 - 1)(Ap_1 - C) + (p - 1)(Bp_1 - C) = 0,$$

elle passe au point S^1_2.

Puis la droite S S_2 ayant pour équation

$$A + C - B(1 + p) = 0$$

passe au point I_1.

D'après quoi, quand trois points d'inflexion tels que I, I_1, I_2 sont en ligne droite, les droites qui joignent un point S correspondant à l'un d'eux aux trois points qui correspondent à un second passent, l'un par le troisième point d'inflexion et les deux autres par deux des points S qui correspondent à ce troisième point d'inflexion, tandis que la droite qui le joint au troisième de ces derniers points passe par le second point d'inflexion.

Si deux points Steiner proviennent d'un même point d'inflexion, leur droite passe au troisième point S qui correspond au même point d'inflexion. Si les deux points correspondent à deux points d'inflexion différents, leur droite passe soit au point d'inflexion qui est en ligne droite avec ces deux-là, soit en un point S correspondant à ce dernier point d'inflexion.

Il suit de là que les droites qui joignent I_2 aux points S, S', S^2 se confondent avec celles qui le joignent aux points S_1, S_1', S_1^2 : c'est au reste ce qui résulte immédiatement de ce que I_2 est donné par $A + B = 0$, $C = 0$, et que par une permutation entre A et B on passe des premiers points aux seconds.

Ce fait que deux points Steiner sont en ligne droite avec un troisième ou avec un point d'inflexion, nous pouvons encore le rattacher au théorème qu'une ligne du troisième degré passant par huit des points communs à deux lignes de ce degré contient le neuvième. Les points S et S_1 correspondant en effet à deux points d'inflexion I et I_1, soit Σ le troisième point de rencontre de SS_1 avec la courbe. Considérons les tangentes en ces trois points S, S_1, Σ ; elles forment une ligne du troisième degré ayant avec la ligne u deux points d'intersection simples en I et I_1 et trois points doubles d'intersection aux points de contact, le neuvième est le point de sortie de la tangente en Σ. Mais la droite II_1 et la droite $SS_1\Sigma$ comme droite double forment une ligne du troisième degré qui passe par les huit premiers points. Donc la droite II_1 et la tangente en Σ concourent sur la courbe. C'est-à-dire que le point Σ est le point d'inflexion I_2 en ligne droite avec I et I_1 ou bien est un point Steiner correspondant à ce troisième point d'inflexion.

Le même fait d'ailleurs n'est qu'un cas particulier du théorème connu que si trois points *a, b, c* sont en ligne droite sur une ligne du troisième degré, et si a_1, a_2, a_3, a_4 puis b_1, b_2, b_3, b_4 et c_1, c_2, c_3, c_4 sont respectivement les points de contact des tangentes menées de ces points à la courbe, la droite joignant l'un des premiers points de contact à l'un des seconds passe par l'un des troisièmes.

DU NOMBRE DES DROITES QUI CONTIENNENT UN POINT D'INFLEXION ET DEUX POINTS STEINER ET DU NOMBRE DE CELLES QUI CONTIENNENT TROIS POINTS STEINER.

23. Par un point d'inflexion I_2 il passe quatre axes d'inflexion ; si l'on considère l'un d'eux I_2 I_1 I et les points Steiner qui correspondent aux points I_1 et I, les droites qui joignent I_2 aux trois premiers points Steiner se confondent avec celles qui le joindront aux trois autres, comme on l'a vu. Ces droites seront différentes de celles du même genre relatives aux trois autres axes. Donc il y a $3 \times 4 = 12$ droites contenant le point d'inflexion I_2 et 2 points Steiner. — Il se trouve par suite $12 \times 9 = 108$ droites contenant chacune un point d'inflexion et deux points Steiner.

Si l'on joint chacun des points Steiner tour à tour à chacun des 26 autres on tracera des droites en nombre égal à 26×27. Mais sur ces droites telle qui passera par un point d'inflexion figurera deux fois dans le nombre total, et telle qui contiendra trois points Steiner y figurera six fois. Donc le nombre de droites contenant bien trois points Steiner sera

$$\frac{26.27 - 108\ 2}{6} = \frac{9}{2}(26 - 8) = 9.9 = 81.$$

Pour savoir combien il passe de ces droites par chacun des points Steiner, remarquons qu'à les prendre tour à tour, elles présentent $3.81 = 243$ points; et comme là-dessus chaque point Steiner doit figurer un même nombre de fois, chacun d'eux s'y trouve $\frac{243}{27} = 9$ fois. C'est-à-dire qu'il y a 9 droites partant chacune de ces points, ou qu'il en passe 9 par chacun d'eux.

Sur les 81 droites, il y a à distinguer les 9 axes harmoniques des points d'inflexion. Le nombre des autres droites est donc $81 - 9 = 72$, et il en passa par chaque point $\frac{72.3}{27} = 8$.

Sur les 108 droites qui portent chacune un point d'inflexion et deux points Steiner, il en passe par chacun de ces derniers points un nombre égal à

$$\frac{108.2}{27} = 8,$$

ce qu'on peut trouver autrement. Car si le point S provient du point I, et qu'on considère l'axe I I_1 I_2, il passe en S deux droites aboutissant en I_1 et en I_2; et comme il y a quatre axes d'inflexion partant du point I, il s'ensuit $2 \times 4 = 8$ droites contenant le point S, un autre point Steiner et un point d'inflexion.

Les droites qui passent en S et contiennent deux points Steiner se rapportant à l'axe I I_1 I_2 sont l'axe harmonique de I, et deux autres droites. De là, par les quatre axes qui passent en I, des droites en nombre égal à $1 + 2.4 = 9$, comme nous l'avons déjà trouvé.

DISTINCTION DES DROITES RÉELLES ET DES DROITES IMAGINAIRES DANS L'UN ET L'AUTRE GENRES.

24. Supposons d'abord que les 9 points Steiner du groupe correspondant à l'axe des points d'inflexion réels I I_1 I_2 soient réels.

Les trois droites qui partant de I_1 contiennent chacune deux de ces points seront réelles. Il y aura donc 9 droites réelles passant trois par trois aux points I, I_1, I_2 et contenant chacune deux points Steiner réels.

Considérons d'autre part le second axe réel qui passe en I, ayant pour équation $A = 0$. Il s'y trouve deux points conjugués I' et I''. Les trois points Steiner qui correspondent à I' sont imaginaires, ainsi que ceux qui correspondent à I'', mais les premiers conjugués des seconds. Les droites qui joignent les premiers points à leurs conjugués sont donc réelles, mais il y a à décider si elles passent en I ou si elles aboutissent aux points réels S, S^1, S^2.

Les deux points S' et S'', d'après la détermination qui en a été présentée, sont conjugués; l'équation de leur droite est $A + (B + C)p = 0$. Cette droite passe donc au point I.

Ainsi les trois droites qui joignent les points relatifs à I' et leurs conjugués relatifs à I'' aboutissent au point I. Ces droites réelles jointes aux 9 précédentes font donc jusqu'ici 12 droites réelles du premier genre.

Il passe en S deux droites contenant chacune l'un des points S' et l'un des points S''. Comme les points S' et S'' que porte chacune ne sont pas conjugués, ces droites seront imaginaires, et elles seront conjuguées. Il en sera de même des droites relatives à l'axe d'inflexion qui nous occupe passant en S' et en S^2.

Soit considéré maintenant l'un des axes imaginaires qui passent en I, par exemple, l'axe I I'_1 I''_2 ayant pour équation

$$Aj + B + C = 0.$$

Le point I'_1 est donné par $B = 0$, $C + Aj = 0$, le point I''_2 par $C = 0$, $B + Aj = 0$; l'axe harmonique relatif à I'_1, a pour équation $C - Aj = 0$, de sorte que les points Steiner situés sur cet axe sont fixés par

$$\begin{matrix} B = Apj^2, \\ C = Aj, \end{matrix} \quad p^3 - 3hp + 2 = 0,$$

et de même les points situés sur l'axe harmonique relatif à I''_2 le sont par

$$\begin{matrix} C = Apj^2, \\ B = Aj, \end{matrix} \quad p^3 - 3hp + 2 = 0.$$

Pour une même valeur de p, on a deux points dont la droite a pour équation

$$B + C - Aj(1 + pj) = 0,$$

c'est une droite imaginaire qui passe en I.

De là, par les trois valeurs de p des droites imaginaires passant en I.

Les conjuguées seront données par l'axe d'inflexion I I'_2 I''_1.

Pour deux valeurs de p différentes, p et p_1, on a une droite ayant pour équation

$$C(1 - pj) + B(1 - p_1 j) - A(j - pp_1) = 0$$

ou

$$(A - Cp_1)(1 - pj) + (A - Bp_1)(1 - p_1 j) = 0,$$

droite imaginaire qui passe au point S^2.

On voit ainsi que les axes d'inflexion $I I'_1 I''_2$, $I I'_2 I''_1$ ne donnent ni droites réelles passant en I, ni droites réelles portant trois points Steiner, abstraction faite de l'axe harmonique de I.

Quant aux diverses autres droites se rapportant à ces axes $I I' I''$, $I I'_1 I''_2$, $I I'_2 I''_1$ elles seront imaginaires.

Telles sont celles qui joindront I' aux points S, S', S''; par exemple I'S ayant pour équation

$$(B + Cj)\, p + Aj^2 = 0\,;$$

et celles qui contiendront trois points Steiner imaginaires seront également imaginaires.

Considérons enfin un axe d'inflexion qui ne contienne aucun des points réels I, I_1, I_2 par exemple l'axe $I' I'_1 I''_1$ dont l'équation est

$$A + Bj + Cj^2 = 0.$$

Les axes harmoniques relatifs aux points I', I'_1, I''_1 sont imaginaires, leurs points de rencontre avec la courbe le sont aussi; les droites correspondantes, soit qu'elles contiennent l'un des points d'inflexion ou n'en contiennent pas, seront en conséquence imaginaires, puisqu'une droite réelle contiendrait au moins un point réel.

Les conséquences à tirer des faits ainsi établis sont immédiates.

A l'axe $I I_1 I_2$ se rattachent neuf droites réelles, à l'axe $I I' I''$ il s'en rattache trois autres, et aucune n'est réelle parmi celles qui correspondent aux deux autres axes passant en I.

Il en est de même pour ce qui regarde les points I_1, I_2, et toutes celles qui se rapportent aux axes d'inflexion imaginaires. Parmi les 108 droites du premier genre, il y en a donc $9 + 3 \times 3 = 18$ qui sont réelles; il en reste 90 à être imaginaires.

Dans les 81 droites du second genre, les axes harmoniques relatifs aux points I, I_1, I_2 sont réels, les six autres axes harmoniques sont imaginaires. Les points S qui correspondent à l'axe $I I_1 I_2$ ne donnent lieu qu'à des droites réelles au nombre de 18, en ne comptant pas les axes harmoniques. Cela fait $9 + 18 = 27$ droites réelles, et ce sont les seules qui soient telles. Par suite le nombre des droites imaginaires est de 54.

25. — Du cas où trois points Steiner seulement sont réels. — Ce cas est

celui où l'on a $h < 1$, de sorte qu'une seule valeur de p est réelle. Alors sur chacun des axes harmoniques qui correspondent aux points I, I_1, I_2 il y a un point Steiner réel et deux points imaginaires conjugués. Soient S, S_1, S_2 les trois points réels.

Les droites qui joindront le point I_2 aux trois points S, S', S^2 situés sur l'axe harmonique de I se confondront avec celles qui le joindront aux points S_1, S_1', S_1^2 situés sur l'axe harmonique de I_1. La droite IS sera réelle, et les droites I_2S', I_2S^2 imaginaires conjuguées. La première contiendra donc le point S_1, et les deux autres respectivement S'_1, S_1^2. De même par chacun des points I_1 et I il passera une droite réelle contenant les deux autres points S réels relatifs aux deux autres points d'inflexion, et deux droites imaginaires conjuguées l'une de l'autre.

Il y a donc par là trois droites réelles et six droites imaginaires conjuguées deux à deux dans le système des droites contenant un point d'inflexion et deux points Steiner.

La droite de S et de S'_1 sera imaginaire et contiendra l'un des points S'_2, S^2_2, celle de S et de S_1^2 sera également imaginaire et contiendra l'autre de ces points, et elle sera conjuguée de la première.

De là dans le système des droites contenant trois points Steiner, trois droites réelles qui sont les axes harmoniques relatifs aux points réels d'inflexion I, I_1, I_2, et six droites imaginaires, conjuguées deux à deux.

Voilà pour ce qui concerne le groupe des points et des droites qui se rattachent à l'axe $I\, I_1\, I_2$.

Si l'on considère d'autre part l'ensemble des 24 points Steiner imaginaires, comme ils sont conjugués deux à deux, ils donneront 12 droites réelles qui passeront chacune par l'un des points d'inflexion réels I, I_1, I_2 et par l'un des points réels S, S_1, S_2. Mais relativement à l'axe $I\, I_1\, I_2$, nous venons de constater trois de ces droites, les axes harmoniques des points I, I_1, I_2. Il y en a donc neuf autres qui se rattachent à d'autres axes d'inflexion. Nous allons voir qu'ils dépendent des trois autres axes réels qui passent en I, I_1, I_2.

La première valeur de p étant réelle, les deux points désignés par S' et S'' sont conjugués, leur droite ayant pour équation

$$A + (B + C) p = 0$$

est réelle, elle passe en I.

Les deux points S'^1 S''^2 sont également conjugués, ainsi que S'^2 et S''^1 ; leurs droites sont donc réelles. La première a pour équation

$$(A + Bp_2 + Cp_1)\, j - (A + Dp_1 + Cp_2)\, j^2 = 0,$$

Elle passe donc au point

$$S \begin{bmatrix} B = C \\ A = Bp \end{bmatrix};$$

La seconde y passe aussi.

Il en est du point I_1 et du point I_2 comme du point I. En chacun d'eux passe une droite réelle contenant deux points Steiner qui ne sont pas du groupe des points relatifs à l'axe $I I_1 I_2$, et en outre deux droites réelles se rapporteront à chacun d'eux ne concernant pas non plus cet axe et contenant trois points Steiner. Donc sur les 9 droites réelles que nous avions à fixer, il en est trois passant respectivement en I, I_1, I_2 et les six autres passent deux par deux aux points S, S_1, S_2.

En résumé, sur les 108 droites du premier système, il s'en trouve six qui sont ici réelles, et les 102 autres sont imaginaires. Sur les 81 droites du second système, il y a trois axes harmoniques réels et six autres droites réelles passant deux par deux aux points réels S, S_1, S_2, de sorte qu'en chacun de ces points il passe trois droites réelles, l'axe harmonique du point d'inflexion correspondant et deux autres droites. Les 72 autres droites du second système sont imaginaires.

DES POINTS STEINER DANS LE CAS PARTICULIER OU L'ÉQUATION $u = 0$ N'EST PAS SUSCEPTIBLE DE SE METTRE SOUS LA FORME

$$A^3 + B^3 + C^3 - 3h\,ABC = 0.$$

26. L'équation à considérer est

$$A^3 - 3\alpha\beta\gamma = 0,$$

où

$$\gamma = p\alpha + q\beta.$$

Nous avons établi qu'alors les points

I sont donnés par $A = 0, \quad \alpha = 0,$
I' » $A = 0, \quad \beta = 0,$
I'' » $A = 0, \quad \gamma = 0,$

les points

I_1 par $q\beta = p\alpha j, \quad A + \alpha \left(\frac{3p^2}{q}\right)^{\frac{1}{3}} = 0,$

I_1' $q\beta = p\alpha j, \quad A + \alpha j \left(\frac{3p^2}{q}\right)^{\frac{1}{3}} = 0,$

I_1'' $q\beta = p\alpha j, \quad A + \alpha j^2 \left(\frac{3p^2}{q}\right)^{\frac{1}{3}} = 0,$

et les points

I_2 par $q\beta = p\alpha j^2 \quad A + \alpha \left(\frac{3p^2}{q}\right)^{\frac{1}{3}} = 0,$

I_2' $q\beta = p\alpha j^2 \quad A + \alpha j^2 \left(\frac{3p^2}{q}\right)^{\frac{1}{3}} = 0,$

I_2'' $q\beta = p\alpha j^2 \quad A + \alpha j \left(\frac{3p^2}{q}\right)^{\frac{1}{3}} = 0.$

L'axe harmonique de I a pour équation

$$\gamma + q\beta = 0 \quad \text{ou} \quad \alpha p + 2q\beta = 0.$$

Les points S, S^1, S^2 sont donc donnés par

$$A^3 - 3\alpha\beta\gamma = 0, \quad \gamma + q\beta = 0,$$

donc par

$$\alpha p + 2\beta q = 0 \quad \begin{cases} A = \left(\frac{6q^2}{p}\right)^{\frac{1}{3}} \beta \\ A = \left(\frac{6q^2}{p}\right)^{\frac{1}{3}} \beta j \\ A = \left(\frac{6q^2}{p}\right)^{\frac{1}{3}} \beta j^2 \end{cases}$$

l'axe harmonique de I' étant

$$\gamma + p\alpha = 0 \quad \text{ou} \quad 2p\alpha + q\beta = 0,$$

on a pour les points S', S'^1, S'^2,

$$2p\alpha + q\beta = 0 \quad \begin{cases} A = \left(\dfrac{6p^2}{q}\right)^{\frac{1}{3}} \alpha \\ A = \left(\dfrac{6p^2}{q}\right)^{\frac{1}{3}} \alpha j \\ A = \left(\dfrac{6p^2}{q}\right)^{\frac{1}{3}} \alpha j^2 \end{cases}$$

Pour le point I″, l'axe harmonique ayant pour équation $\alpha p - \beta q = 0$, on a les points S″, S''^1, S''^2 par

$$\alpha p - \beta q = 0 \quad \begin{cases} A = \left(\dfrac{6p^2}{q}\right)^{\frac{1}{3}} \alpha \\ A = \left(\dfrac{6p^2}{q}\right)^{\frac{1}{3}} \alpha j \\ A = \left(\dfrac{6p^2}{q}\right)^{\frac{1}{3}} \alpha j^2. \end{cases}$$

On voit par là que les points I, I′, I″ étant réels, il ne correspond à chacun d'eux qu'un point Steiner réel.

Sur les 27 points Steiner, il s'en trouve donc 3 de réels, et 24 d'imaginaires. Remarquons que les 3 droites

$$A = \left(\frac{6p^2}{q}\right)^{\frac{1}{3}} \alpha, \quad A = \left(\frac{6p^2}{q}\right)^{\frac{1}{3}} \alpha j, \quad A = \left(\frac{6p^2}{q}\right)^{\frac{1}{3}} \alpha j^2$$

contiennent : la 1re les points S′ et S″, la 2e les points S″ et S''^1, la 3e les points S'^2 et S''^2 et passent en I ; la première est seule réelle.

Donc par chacun des points I, I′, I″, il passe trois droites contenant chacune deux des 9 points Steiner du groupe correspondant à leur axe. Il y a là 9 droites dont 3 sont réelles et 6 imaginaires.

Aux points d'inflexion imaginaires il ne répond encore que des axes harmoniques imaginaires et par conséquent des points Steiner imaginaires.

Donc il n'y a que trois points de réels, et il s'en trouve 24 d'imaginaires.

Par chaque point d'inflexion, il passe pour chacun des 4 axes d'inflexion qui en émanent 3 droites contenant deux points S ; ces droites sont ainsi au nombre de $3 \times 4 \times 9 = 108$.

Par chaque point S d'un même groupe, il passe deux droites contenant deux autres points S, sans compter l'axe harmonique qui se rapporte au point d'inflexion correspondant. De là, un même point appartenant à 4 groupes $2 \times 4 \times 12 = 72$ droites, ce qui, en y ajoutant les 9 axes harmoniques, fait un total de 81 droites.

Dans le système des 108 droites, il y en a 6 de réelles, passant par deux aux points I, I′, I″; l'une pour chaque point contient les deux points S réels qui proviennent des deux autres. Nous venons d'établir le second de ces faits. Pour démontrer l'autre, considérons l'axe I I_1 I_2 du point I et des points

$$I_1 \left\{ \begin{array}{l} q\beta = p\alpha j \\ A + \alpha \left(\frac{3p^2}{q}\right)^{\frac{1}{3}} = 0, \end{array} \right. \qquad I_2 \left\{ \begin{array}{l} q\beta = p\alpha j^2 \\ A + \alpha \left(\frac{3p^2}{q}\right)^{\frac{1}{3}} = 0. \end{array} \right.$$

Les axes harmoniques de I_1 et de I_2 sont imaginaires et conjugués. Les trois points S que donne l'un sont conjugués à ceux que donne l'autre. Il s'ensuit entre ces points trois droites réelles ; l'une passe en I et les deux autres au point réel S.

Soient en effet $\beta' = 0$, $\gamma' = 0$, les équations des tangentes aux points I_1 et I_2 ; elles seront conjuguées. L'équation de la courbe pourra se prendre sur la forme

$$A'^3 - 3\alpha\beta'\gamma' = 0.$$

Posons

$$\beta' = \frac{p\alpha}{2} + \beta_2\sqrt{-1}, \quad \gamma' = \frac{p\alpha}{2} - \beta_2\sqrt{-1},$$

les trois droites α, β', γ' concourront au point $\alpha = 0$, $\beta_2 = 0$. Comme il s'ensuit $\gamma' = p\alpha - \beta'$, nous avons à faire dans les formules précédentes $q = -1$.

Les points S, S′, S″ correspondants à I sont donnés par

$$\begin{array}{l} \alpha p - 2\beta' = 0 \\ \text{ou } \beta_2 = 0 \text{ et} \end{array} \left\{ \begin{array}{l} A' = \left(\frac{6}{p}\right)^{\frac{1}{3}} \frac{\alpha p}{2} \\ A' = \left(\frac{6}{p}\right)^{\frac{1}{3}} \frac{\alpha p}{2} j \\ A' = \left(\frac{6}{p}\right)^{\frac{1}{3}} \frac{\alpha p}{2} j^2. \end{array} \right.$$

Les points S_1, S_1', S_1'' correspondants à I_2 le sont par

$$2\alpha p - \beta' = 0 \quad \text{ou} \quad \frac{3}{2} p\alpha - \beta_1 \sqrt{-1} = 0 \quad \text{et} \quad \left\{ \begin{array}{l} A' = -(6p^2)^{\frac{1}{3}}\alpha \\ A' = -(6p^2)^{\frac{1}{3}}\alpha j \\ A' = -(6p^2)^{\frac{1}{3}}\alpha j^2, \end{array} \right.$$

et les points S_2, S_2', S_2^2 correspondants à I_2 par

$$\alpha p + \beta' = 0 \quad \text{ou} \quad \frac{3}{2}\alpha p + \beta_1 \sqrt{-1} = 0 \quad \left\{ \begin{array}{l} A' = -(6p^2)^{\frac{1}{3}}\alpha \\ A' = -(6p^2)^{\frac{1}{3}}\alpha j \\ A' = -(6p^2)^{\frac{1}{3}}\alpha j^2 \end{array} \right.$$

D'après quoi, le point S est bien le seul à être réel, les deux points S' et S² sont conjugués, et les trois derniers sont conjugués aux précédents.

La droite $A' = -(6p^2)^{\frac{1}{3}}\alpha$ est réelle, passe en I et contient S_1 et S_2; les deux droites $A' = -(6p^2)^{\frac{1}{3}}\alpha j$, $A' = -(6p^2)^{\frac{1}{3}}\alpha j^2$ sont imaginaires conjuguées, passent en I aussi et contiennent : l'une S'_1 et S'_2, l'autre S^2_1 et S^2_2. Les deux autres droites réelles possibles par les six points correspondants à I_1 et I_2 passeront en S.

Il s'ensuit dans ce cas singulier que nous traitons les mêmes circonstances pour la distinction des droites réelles et des droites imaginaires dans l'un et l'autre système que dans le cas où l'on a $h < 1$.

DES POINTS D'INFLEXION ET DES POINTS STEINER DANS LES LIGNES DU TROISIÈME DEGRÉ QUI ONT UN POINT DOUBLE.

27. Si $\alpha = 0$, $\beta = 0$ sont les équations des tangentes au point double O, et $\gamma = 0$ celle de la tangente en un point d'inflexion I, $A = 0$ l'équation de la droite qui joint les deux points, l'équation de la courbe pourra s'écrire sous la forme

$$A^3 - \alpha\beta\gamma = 0.$$

Mais, si avec Salmon nous désignons par $B = 0$ l'équation de la droite harmonique conjuguée de A par rapport aux deux tangentes α et β, nous pourrons supposer les deux fonctions A et B, telles qu'on ait

$$\alpha = A + B, \quad \beta = A - B,$$

de sorte que l'équation sera

$$(A^2 - B^2)\gamma = A^3$$

ou

$$u = A^3 - (A^2 - B^2)\gamma = 0.$$

L'équation étant homogène en A, B, γ on aura pour les points d'inflexion

$$H = \begin{vmatrix} 3A - \gamma & 0 & -A \\ 0 & \gamma & B \\ -A & B & 0 \end{vmatrix} = -(3A - \gamma) B^2 - A^2\gamma = 0,$$

ou

$$3AB^2 + (A^2 - B^2)\gamma = 0,$$

par conséquent

$$A (3B^2 + A^2) = 0,$$

avec

$$A^3 (A^2 - B^2)\gamma = 0,$$

ce qui donne les points doubles par $A = 0$, $B = 0$, le point I par $A = 0$, $\gamma = 0$, et deux autres points I', I'' par $A - \frac{4}{3}\gamma = 0$, et par $A = \pm B\sqrt{3}\sqrt{-1}$. Sur ces trois points d'inflexion, l'un au moins, I par exemple, est réel, de sorte que A et γ sont à considérer comme des fonctions réelles. Pour que l'équation $u = 0$ soit réelle, il faut donc que B^2 le soit, ce qui donne soit B réel, soit $B = B_1\sqrt{B - 1}$, B_1 étant réel. Dans le premier cas les tangentes α et β sont réelles, le point O est un point double réel; dans le second cas le point O est un point isolé.

Quand le point O est ainsi un point double, les points I' et I'' sont imaginaires, et quand ce point O est isolé, les points I' et I'' sont réels. Les trois points d'inflexion sont situés sur la droite $A - \frac{4}{3}\gamma = 0$. La tangente en I' a pour équation $-9A + 3\sqrt{3}\sqrt{-1}\,B + 8\gamma = 0$, et la tangente en I'', $-9A - 3\sqrt{3}\sqrt{-1}\,B + 8\gamma = 0$. Ces droites et les tangentes en I, ne concourent pas en un même point. Nous pouvons donc mettre l'équation de la courbe sous la forme

$$A'^3 + B'^3 + C'^3 - 3hA'B'C' = 0.$$

Posons

$$A' = A - \frac{4}{3}\gamma, \quad \alpha' = \gamma, \quad \beta' = A - \frac{\sqrt{-1}}{\sqrt{3}} B - \frac{8}{9}\gamma, \quad \gamma' = A + \frac{\sqrt{-1}}{\sqrt{3}} B - \frac{8}{9}\gamma,$$

d'où

$$A = \frac{8}{9}\alpha' + \frac{\beta' + \gamma'}{2}, \quad A' = -\frac{4}{9}\alpha' + \frac{\beta'}{2} + \frac{\gamma'}{2}.$$

Nous aurons là (Voir § 4)

$$a=-\frac{4}{9},\quad b=\frac{1}{2},\quad c=\frac{1}{2},\quad h^3=\frac{1}{1-27abc}=\frac{1}{4},$$

par suite

$$A'=-\frac{4}{9}\alpha'+\frac{\beta'}{2}+\frac{\gamma'}{2},\ B'=\frac{1}{\sqrt[3]{4}}\left(-\frac{4}{9}\alpha'+\frac{\beta'}{2}j^2+\frac{\gamma'}{2}j\right),\ C'=\frac{1}{\sqrt[3]{4}}\left(-\frac{4}{9}\alpha'+\frac{\beta'}{2}j+\frac{\gamma'}{2}j^2\right).$$

De là

$$B'=-\frac{1}{\sqrt[3]{4}}\frac{A+B}{2},\quad C'=-\frac{1}{\sqrt[3]{4}}\frac{A-B}{2}.$$

Par les équations $B'=0$, $C'=0$, on a donc les tangentes au point double ; ce sont des droites qui ne rencontrent la courbe qu'en ce point. Six points d'inflexion autres que I, I' et I'' sont donc bien à considérer comme s'étant fondus avec le point O.

L'équation de la courbe est ainsi transformée en

$$\left(A-\frac{4}{3}\gamma\right)^3-\left(\frac{A+B}{2\sqrt[3]{4}}\right)^3-\left(\frac{A-B}{2\sqrt[3]{4}}\right)^3-\frac{3}{\sqrt[3]{4}}\left(A-\frac{4}{3}\gamma\right)\left(\frac{A+B}{2\sqrt[3]{4}}\right)\left(\frac{A-B}{2\sqrt[3]{4}}\right)=0.$$

28. Des points Steiner. — L'équation de la tangente au point (A, B, γ) étant

$$(A^2-B^2)\gamma_1+2(AA_1-BB_1)\gamma=3A^2A_1,$$

celle de la polaire du point d'inflexion I ($\gamma_1=0$, $A_1=0$) est

$$B\gamma=0,$$

d'où $B=0$, $\gamma=0$, de sorte que l'axe harmonique de I est

$$B=0,$$

droite qui ne rencontre la courbe qu'au point O et au point pour lequel

$$A=\gamma.$$

Le point double est ainsi à compter pour deux points Steiner correspondants à I ; ou plutôt, à vrai dire, il n'y a plus ici qu'un seul point Steiner correspondant donné par

$$B=0,\quad A=\gamma,$$

lequel est toujours réel.

A chacun des autres points d'inflexion I', I'' il ne correspond de même qu'un seul point Steiner. Si ces points I', I'' sont réels, les deux points correspondants le seront aussi. Si I' et I'' sont imaginaires, leurs axes harmoniques doivent être imaginaires conjugués, concourant en O, et les deux points S correspondants également imaginaires et conjugués. Ce sont des faits faciles à vérifier.

L'axe harmonique relatif au point I' a pour équation

$$A\sqrt{3}\,\sqrt{-1} - B = 0;$$

il est imaginaire si B est réel, c'est-à-dire si I' n'est pas réel; il est réel dans le cas contraire. Sa rencontre avec la courbe, autre que le point O, est donnée par

$$4\gamma = A, \quad A\sqrt{3}\,\sqrt{-1} = B,$$

c'est-à-dire par une droite réelle et une droite imaginaire ou réelle comme I'. Donc le point est réel ou imaginaire en même temps que I'. Il en est de même du point correspondant à I'' déterminé par

$$4\gamma = A, \quad -A\sqrt{3}\,\sqrt{-1} = B.$$

On voit que S' et S'' sont en ligne droite avec I; de même I' l'est avec S et S'', puis I'' avec S et S'. Les trois droites sont réelles quand les points I et S sont tous réels; la première l'est seule, s'il en est autrement.

29. POINTS D'INFLEXION ET POINTS STEINER, QUAND LA COURBE DU TROISIÈME DEGRÉ A UN POINT DE REBROUSSEMENT.

L'équation peut dans ce cas se prendre sous la forme

$$u = A^3 - 3\alpha^2\gamma = 0,$$

$A = 0$ donnant la droite qui joint le point de rebroussement à un point d'inflexion.

On a là
$$H = \begin{vmatrix} A & 0 & 0 \\ 0 & -\gamma & -1 \\ 0 & -\alpha & 0 \end{vmatrix} = -A\alpha;$$

la courbe de Hesse ne rencontre la courbe qu'au point de rebroussement, et au point donné par

$$\gamma = 0, \qquad \Lambda = 0.$$

Il n'y a donc qu'un seul point d'inflexion ; sa polaire a pour équation

$$\alpha\gamma = 0,$$

d'où $\alpha = 0$ pour l'axe harmonique correspondant; c'est la tangente au point de rebroussement. Il n'y a donc là aucun point Steiner.

NOTE I

Sur les points d'inflexion dans les lignes du quatrième degré qui ont deux points de rebroussement, et dans celles qui ont trois points doubles.

30. L'équation générale des lignes du 4° degré qui ont le point $(\alpha=0, \gamma=0)$ pour point de rebroussement peut se mettre sous la forme

$$\alpha^2 P + \gamma^3\delta + K\alpha\gamma^2 = 0,$$

P étant une fonction du second degré, α, γ, δ des fonctions du premier degré, et K une constante.

S'il y a un second point de rebroussement qui soit donné par $\beta=0$ et $\gamma=0$, l'équation pourra se prendre sous la forme

$$u = \alpha^2\beta^2 + \gamma^3\delta + K\alpha\beta\gamma^2 = 0.$$

D'ailleurs δ pouvant s'exprimer par α, β, γ, nous poserons

$$\delta = m\alpha + n\beta + p\gamma.$$

L'équation sera ainsi homogène par rapport à α, β, γ, et pour déterminer les points d'inflexion on aura, avec $u=0$,

$$H = \begin{vmatrix} 2\beta^2, & 4\alpha\beta + K\gamma^2, & 3m\gamma^2 + 2K\beta\gamma \\ 4\alpha\beta + K\gamma^2 & 2\alpha^2 & 3n\gamma^2 + 2K\alpha\gamma \\ 3m\gamma^2 + 2K\beta\gamma & 3n\gamma^2 + 2K\alpha\gamma & 6\gamma\delta + 6p\gamma^2 + 2K\alpha\beta \end{vmatrix} = 0.$$

En développant cette équation, et en y remplaçant $\alpha^2 \beta^2$ par sa valeur tirée de $u=0$, on obtient $\gamma^3=0$, et

$$3\delta^2\gamma+6\,(mn\alpha\beta+np\beta\gamma+pm\gamma\alpha)\,\gamma+5p^2\gamma^3+\mathrm{K}\,(4\alpha\beta\delta+mn\gamma^3)-\mathrm{K}^2\gamma^2(\delta+p\gamma)-\mathrm{K}^3\alpha\beta\gamma=0.$$

Par $\gamma^3=0$, on n'a que les deux points de rebroussement. Par la seconde équation, également du 3e degré, on a une ligne qui coupe la ligne u en 12 points. Mais cette ligne passe aussi par les deux points de rebroussement, ce qui est à compter pour quatre points de rencontre. Il y aura donc 8 autres points communs qui seront les 8 points d'inflexion possibles dans le cas qui nous occupe.

31. Lorsque l'on a $\mathrm{K}=0$, l'équation se résout en $\gamma=0$, et une équation du 2e degré

$$3\delta^2+6\,(mn\alpha\beta+np\beta\gamma+pm\gamma\alpha)+5p^2\gamma^2=0.$$

Les huit points d'inflexion sont donc alors les points de rencontre de la courbe et d'une conique.

L'équation de la conique ne change pas, quand m, n, p changent de signe.

C'est donc la même conique qui contient les points d'inflexion des deux lignes qui ont pour équations

$$\alpha^2\beta^2+\gamma^3\delta=0$$

et

$$\alpha^2\beta^2-\gamma^3\delta=0.$$

Si on élimine $\alpha\,\beta$ entre l'équation de la conique et celle de la courbe $u=0$, on trouve

$$\{3(\delta+p\gamma)^2-4p^2\gamma^2\}^2+36m^2n^2\gamma^3\delta=0,$$

équation homogène en γ et δ qui donnera quatre droites concourant avec les droites γ et δ, c'est-à-dire au point où se coupent la droite des deux points de rebroussement et celle qui joint les deux points où la courbe est coupée par les deux tangentes en ces points de rebroussement. Les huit points d'inflexion seront les points de rencontre de la conique et du faisceau de droites.

En posant $\delta=\gamma z$, l'équation à résoudre pour obtenir les droites du faisceau sera

$$9z^4+36pz^3+30p^2z^2+12(3m^2n^2-p^3)z+p^4=0.$$

Lorsque le coefficient K est différent de zéro, la ligne du 3e degré qui détermine les points d'inflexion ne saurait se résoudre en lignes d'ordres inférieurs. Car, si elle se partageait en une droite et une conique, la droite ne pourrait être que la droite donnée par $\gamma=0$, ce qui exigerait $\mathrm{K}=0$, et si elle se partageait en trois droites, la même droite $\gamma=0$ en devrait faire partie.

32. Quand une ligne du 4e ordre a trois points doubles, les six points d'inflexion sont situés sur une ligne du 3e degré passant par ces points doubles, dont l'équation peut s'obtenir comme il suit :

Soit, comme équation de la ligne,

$$u=m\alpha^2\beta^2+n\beta^2\gamma^2+p\gamma^2\alpha^2+2\alpha\beta\gamma\delta=0,$$

δ étant égal à

$$a\alpha+b\beta+c\gamma.$$

Les points d'inflexion seront, avec les points doubles, les points communs à cette ligne et à la ligne donnée par l'équation Hessienne

$$H = \begin{vmatrix} m\beta^2+p\gamma^2+2\alpha\beta\gamma & 3m\alpha\beta+2\gamma\delta-c\gamma^2 & 2p\alpha\gamma+2\beta\delta-b\beta^2 \\ 2m\alpha\beta+2\gamma\delta-c\gamma^2 & m\alpha^2+n\gamma^2+2ba\gamma & 2n\beta\gamma+2\alpha\delta-a\alpha^2 \\ 2p\alpha\gamma+2\beta\delta-b\beta^2 & 2n\beta\gamma+2\alpha\delta-a\alpha^2 & n\beta^2+p\alpha^2+2c\alpha\beta \end{vmatrix} = 0.$$

Le déterminant H peut se décomposer en les huit déterminants suivants

$$(1) = \begin{vmatrix} m\beta^2+p\gamma^2 & 2m\alpha\beta & 2p\alpha\gamma \\ 2m\alpha\beta & m\alpha^2+n\gamma^2 & 2n\beta\gamma \\ 2p\alpha\gamma & 2n\beta\gamma & n\beta^2+p\alpha^2 \end{vmatrix} \qquad (2) = \begin{vmatrix} m\beta^2+p\gamma^2 & 2m\alpha\beta & 2\beta\delta-b\beta^2 \\ 2m\alpha\beta & m\alpha^2+n\gamma^2 & 2\alpha\delta-a\alpha^2 \\ 2p\alpha\gamma & 2n\beta\gamma & 2c\alpha\beta \end{vmatrix}$$

$$(3) = \begin{vmatrix} m\beta^2+p\gamma^2 & 2\gamma\delta-c\gamma^2 & 2p\alpha\gamma \\ 2m\alpha\beta & 2b\alpha\gamma & 2n\beta\gamma \\ 2p\alpha\gamma & 2\alpha\delta-a\alpha^2 & n\beta^2+p\alpha^2 \end{vmatrix} \qquad (4) = \begin{vmatrix} m\beta^2+p\gamma^2 & 2\gamma\delta-c\gamma^2 & 2\beta\delta-b\beta^2 \\ 2m\alpha\beta & 2b\alpha\gamma & 2\alpha\delta-a\alpha^2 \\ 2p\alpha\gamma & 2\alpha\delta-a\alpha^2 & 2c\alpha\beta \end{vmatrix}$$

$$(5) = \begin{vmatrix} 2\alpha\beta\gamma & 2m\alpha\beta & 2p\alpha\gamma \\ 2\gamma\delta-c\gamma^2 & m\alpha^2+n\gamma^2 & 2n\beta\gamma \\ 2\beta\delta-b\beta^2 & 2n\beta\gamma & n\beta^2+p\alpha^2 \end{vmatrix} \qquad (6) = \begin{vmatrix} 2\alpha\beta\gamma & 2m\alpha\beta & 2\beta\delta-b\beta^2 \\ 2\gamma\delta-c\gamma^2 & m\alpha^2+n\gamma^2 & 2\alpha\delta-a\alpha^2 \\ 2\beta\delta-b\beta^2 & 2n\beta\gamma & 2c\alpha\beta \end{vmatrix}$$

$$(7) = \begin{vmatrix} 2\alpha\beta\gamma & 2\gamma\delta-c\gamma^2 & 2p\alpha\gamma \\ 2\gamma\delta-c\gamma^2 & 2b\alpha\beta & 2n\beta\gamma \\ 2\beta\delta-b\beta^2 & 2\alpha\delta-a\alpha^2 & n\beta^2+p\alpha^2 \end{vmatrix} \qquad (8) = \begin{vmatrix} 2\alpha\beta\gamma & 2\gamma\delta-c\gamma^2 & 2\beta\delta-b\beta^2 \\ 2\gamma\delta-c\gamma^2 & 2b\alpha\gamma & 2\alpha\delta-a\alpha^2 \\ 2\beta\delta-b\beta^2 & 2\alpha\delta-a\alpha^2 & 2c\alpha\beta \end{vmatrix}$$

Les seuls déterminants à calculer sont (1), (5), (4), (6) et (8); car il est à remarquer que (3) peut se déduire de (5) par une permutation tournante, (2) de (3) et (7) de (6) de la même façon.

En développant et en réduisant les déterminants au moyen de l'équation $u=0$, on trouve, suppression faite du facteur $\alpha\beta\gamma$, les valeurs suivantes :

$$(1) = 27mnp\alpha\beta\gamma+6\delta\,(mp\alpha^2+nm\beta^2+pn\gamma^2)$$
$$(2) = 12mpc\alpha^2\gamma+12nmc\beta^2\gamma+6mpb\alpha^2\beta+6mna\beta^2\alpha-6np\gamma^2\delta+12mc\alpha\beta\delta$$
$$(3) = 12mpb\alpha^2\beta+12npb\gamma^2\beta+6mpc\alpha^2\gamma+6npa\gamma^2\alpha-6mn\beta^2\delta+12pb\alpha\gamma\delta$$
$$(4) = -3na^2\alpha\beta\gamma-6nab\beta^2\gamma-6nac\gamma^2\beta-6mac\alpha^2\beta-6pab\alpha^2\gamma-6a^2\alpha\delta-12ab\alpha\beta\delta-12ac\alpha\gamma\delta$$
$$(5) = 12mna\beta^2\alpha+12npa\gamma^2\alpha+6mnc\beta^2\gamma+6npb\gamma^2\beta-6mp\alpha^2\delta+12na\beta\gamma\delta$$
$$(6) = -6mbc\alpha\beta^2-6nab\beta^2\gamma-6pab\alpha^2\gamma-6pbc\gamma^2\alpha-3pb^2\alpha\beta\gamma-12ab\alpha\beta\delta-12bc\beta\gamma\delta-6b^2\beta^2\delta$$
$$(7) = -6nca\gamma^2\beta-6pbc\gamma^2\alpha-6mbc\beta^2\alpha-6mca\alpha^2\beta-3mc^2\alpha\beta\gamma-12bc\beta\gamma\delta-12ca\gamma\alpha\delta-6c^2\gamma^2\delta$$
$$(8) = 6abc\alpha\beta\gamma-2a^3\alpha^3-2b^3\beta^3-2c^3\gamma^3+8a^2\alpha^2\delta+8b^2\beta^2\delta+8c^2\gamma^2\delta+4bc\beta\gamma\delta+4ca\gamma\alpha\delta+4ab\alpha\beta\delta.$$

Il en résulte, à la place de $H=0$,
d'une part,

$$\alpha\beta\gamma=0,$$

d'autre part,

$$\begin{aligned} &2\,(mp-a^2)\,\alpha^2(b\beta+c\gamma) \\ &+2\,(nm-b^2)\beta^2(c\gamma+a\alpha) \\ &+2\,(pn-c^2)\gamma^2(a\alpha+b\beta) \end{aligned} \qquad +(na^2+pb^2+mc^2+3mnp)\,\alpha\beta\gamma=0.$$

On trouve ainsi une ligne du 3e degré qui passe par les trois points doubles ; elle coupe la courbe donnée en six autres points qui sont les six points d'inflexion : résultat annoncé.

Remarque. — Si l'on a à la fois

$$mp-a^2=0, \qquad nm-b^2=0, \qquad pn-c^2=0,$$

l'équation précédente se réduit à $\alpha\beta\gamma=0$. Il n'y a pas alors de points d'inflexion, en ne comptant pas pour tels les points doubles. C'est qu'en effet ces points doubles se trouvent alors des points de rebroussement. Chacun d'eux est à compter pour huit points de rencontre entre la courbe u et la ligne H. Les valeurs de n, p, m qui s'ensuivent sont $\pm \frac{bc}{a}, \pm \frac{ca}{b}, \pm \frac{ab}{c}$. En prenant les signes supérieurs on a une conique double; mais par les signes inférieurs, si l'on pose $a\alpha = A$, $b\beta = B$, $c\gamma = C$, on obtient

$$A^2B^2 + B^2C^2 + C^2A^2 - 2ABC(A + B + C) = 0,$$

d'où

$$\frac{1}{\sqrt{A}} + \frac{1}{\sqrt{B}} + \frac{1}{\sqrt{C}} = 0;$$

et les trois tangentes aux points de rebroussement ayant pour équations

$$A - B = 0, \quad C - B = 0, \quad C - A = 0$$

concourent en un même point : ce sont des faits présentés par Salmon dans son traité sur les courbes planes de degrés supérieurs (§ 217, page 202).

NOTE II

33. Lemme. — Quand trois systèmes d'équations du premier degré à $n+1$ inconnues chacun ont une solution et une seule, s'ils ne diffèrent que par une seule équation, on peut fixer des valeurs de λ et de μ telles qu'on ait :

$$x''_m = \lambda x_m + \mu x'_m,$$

x_m, x'_m, x''_m, désignant les valeurs de trois inconnues correspondantes relatives à ces systèmes.

Soient pour les trois systèmes

$$(1) \quad \sum_{i=1}^{i=n+1} a_{i,1} x_i = K_1, \sum_{i=1}^{i=n+1} a_{i,2} x_i = K_2, \sum_{i=1}^{i=n+1} a_{i,3} x_i = K_3 \ldots \sum_{i=1}^{i=n+1} a_{i,n} x_i = K_n, \sum_{i=1}^{i=n+1} \alpha_i x_i = K_{n+1}$$

$$(2) \quad \text{id.} \quad \ldots\ldots\ldots \quad \ldots\ldots\ldots \quad \text{id.}, \quad \sum_{i=1}^{i=n+1} \alpha'_1 x_i = K'_{n+1}$$

$$(3) \quad \text{id.} \quad \ldots\ldots\ldots \quad \ldots\ldots\ldots \quad \text{id.}, \quad \sum_{i=1}^{i=n+1} \alpha''_1 x_i = K''_{n+1}$$

Les n premières équations peuvent, d'après l'hypothèse posée, déterminer n inconnues convenablement prises en fonction de la $(n+1)^{ème}$, par exemple $x_1 . x_2, \ldots x_n$ en fonction de x_{n+1}. On en déduira donc pour les trois systèmes

$$x_m = q_m + q'_m x_{n+1}, \quad x'_m = q_m + q'_m x'_{n+1}, \quad x''_m = q_m + q'_m x''_{n+1},$$

m s'étendant de 1 à n, en distinguant par des accents les valeurs relatives aux trois systèmes.

Si l'on substitue ces valeurs dans la dernière équation de chaque système, on aura trois équations distinctes qui détermineront séparément x_{n+1}, x'_{n+1} et x''_{n+1}.

Or, si l'on pose

$$x''_{n+1} = \lambda x_{n+1} + \mu x'_{n+1},$$

on aura également

$$x''_m = \lambda x_m + \mu x'_m,$$

quand on aura

$$q_m = \lambda q_m + \mu q_m,$$

c'est-à-dire

$$1 = \lambda + \mu,$$

pour toutes les valeurs de m à considérer.

Donc, si λ et μ se déterminent par les deux équations

$$\lambda x_{n+1} + \mu x'_{n+1} = x''_{n+1},$$
$$\lambda + \mu = 1,$$

ce qui n'exige que d'avoir

$$x_{n+1} \gtrless x'_{n+1},$$

on aura

$$x''_m = \lambda x_m + \mu x'_m$$

pour toutes valeurs de m depuis 1 jusqu'à $n+1$. C. Q. F. D.

Corollaire. — Soit $w=0$ l'équation d'une ligne de l'ordre n déterminée par $u\frac{(n+3)}{2} - 1 = n'$ points communs aux deux lignes d'ordre n ayant pour équations $u=0$, $v=0$, et par un $(n'+1)^{ème}$ point qui ne soit pas commun à ces deux lignes ; supposons d'ailleurs que chacune des deux dernières lignes soit déterminée par les n' points considérés, et par un autre qui lui appartienne et ne leur soit pas commun.

Si l'on prend l'équation générale des lignes de l'ordre n, et qu'on y substitue tour à tour les coordonnées des n' points dont il s'agit et celles du $(n'+1)^{ème}$ point relatif à chacune des trois lignes considérées, on aura trois systèmes d'équations du premier degré ne différant que par une dernière équation.

Les rapports entre coefficients dans les équations $u=0$, $v=0$ formeront, les uns la solution du premier système, les autres celle du second. Or, d'après le lemme qui vient d'être démontré, les coefficients dans w seront chacun la somme des coefficients homologues dans u et v respectivement multipliés par deux constantes λ et μ. On aura donc

$$w = \lambda u + \mu v.$$

L'équation générale des lignes de l'ordre n passant par $n' = n\frac{(n+3)}{2} - 1$ points communs à deux lignes d'ordre n ayant pour équations $u=0$, $v=0$ est ainsi

$$w = \lambda u + \mu v = 0,$$

lorsque chacune de ces lignes est déterminée par les n' points considérés et par un autre qui lui appartienne en particulier.

Il s'ensuit que toute ligne de l'ordre n passant par n' points communs à deux lignes de cet ordre passe par les $\frac{(n-1)(n-2)}{2}$ autres points communs à ces lignes, pourvu qu'elles soient déterminées chacune par ces n' points et un autre qui lui soit propre.

De même, si $u=0$, $v=0$ sont les équations de deux surfaces de l'ordre n déterminées chacune par $n'=n\frac{(n^2+6n+11)}{6}-1$ points appartenant à leur intersection et par un autre qui n'y soit pas situé, l'équation de toute autre surface du même ordre également déterminée par les n' points et par un autre situé en dehors de l'intersection sera

$$w=\lambda u+\mu v=0,$$

de sorte que cette surface passe dès lors par l'intersection complète des deux premières surfaces.

Ainsi se trouvent établis avec plus de simplicité et de précision qu'on ne l'a fait jusqu'ici, et toute généralité les deux théorèmes qui sont le point de départ de toute théorie relative aux lignes et aux surfaces algébriques.

34. Généralisation du lemme qui précède. — Si $p+2$ systèmes d'équations du premier degré à $n+p$ inconnues présentent n équations communes et p équations différentes ayant chacune une solution et une seule, les valeurs des inconnues pour l'un de ces systèmes seront chacune la somme des valeurs des inconnues correspondantes relatives aux autres systèmes respectivement multipliées par les mêmes constantes, pourvu que les derniers systèmes ne soient pas eux-mêmes tels que les inconnues relatives à l'un puissent s'exprimer d'une façon analogue par les inconnues relatives aux p autres systèmes.

Soit

$$\sum_{i=1}^{i=n+p} a_{i,j}\, x_i=\mathrm{K}_j$$

l'expression générale, j variant de 1 à n, des n équations communes aux $p+2$ systèmes.

Soit

$$\sum_{i=1}^{i=n+p} \alpha^{(h)}{}_{i,j'}\, x_i=\mathrm{K}^{(h)}_{j'+n},$$

l'expression générale des p équations différentes, h variant d'un système à un autre, susceptible de $p+2$ valeurs $0, 1, 2, \ldots p+1$, j' susceptible à chaque système des valeurs $1, 2, \ldots p$.

D'après l'hypothèse faite, les n équations communes pourront se résoudre par rapport à n inconnues convenablement prises, par exemple, si le déterminant

$$\begin{vmatrix} a_{1,1} \ldots\ldots & a_{n,1} \\ a_{1,n} \ldots\ldots & a_{n,n} \end{vmatrix} \text{ est } \lessgtr 0,$$

par rapport à $x_1, {}_2x, \ldots x_n$.

Soit donc

$$x^{(h)}_m=q_m+q_{m,1}\,x^{(h)}_{n+1}+q_{m,2}\,x^{(h)}_{n+2}+\ldots\ldots+q_{m,p}\,x^{(h)}_{n+p}.$$

En substituant pour chaque système les valeurs de x_1, x_2, ... x_n ainsi obtenues dans les p dernières équations des systèmes, on aura les équations qui détermineront

$$x^{(h)}_{n+1},\ x^{(h)}_{n+2} \ldots\ x^{(h)}_{n+p}.$$

Si l'on pose

$$x_{n+j'}^{(p+1)} = \sum_{h=0}^{h=p} \lambda_h x_{n+j'}^{(h)},$$

en faisant varier j' de 1 à p, ce qui fera p équations entre les $p+1$ indéterminées $\lambda_0, \lambda_1, \ldots \lambda_p$, il s'ensuivra

$$x_m^{(p+1)} = \sum_{h=0}^{h=p} \lambda_h x_m^{(h)},$$

m variable de 1 à n,
quand on aura

$$q_m + q_{m,1} x_{n+1}^{(p+1)} + q_{m,2} x_{n+2}^{(p+1)} + \ldots + q_{m,p} x_{n+p}^{(p+1)} = \sum_{h=0}^{h=p} \lambda_h \left(q_m + q_{m,1} x_{n+1}^{(h)} + q_{m,2} x_{n+2}^{(h)} + \ldots + q_{m,p} x_{n+p}^{(h)} \right)$$

c'est-à-dire,

$$1 = \sum_{h=0}^{h=p} \lambda_h.$$

On a ainsi entre les $p+1$ valeurs de λ_h les $p+1$ équations

$$\begin{array}{c} \cdots\cdots \\ x_{n+j'}^{(p+1)} = \sum_{h=0}^{h=p} \lambda_h x_{n+j'}^{(h)} \\ \cdots\cdots \\ 1 = \sum_{h=0}^{h=p} \lambda_h. \end{array}$$

Des valeurs déterminées en résulteront pour ces quantités, à la condition d'avoir,

$$\begin{vmatrix} x_{n+1} & x_{n+2} \ldots & x_{n+p} & 1 \\ x_{n+1}^{(1)} & x_{n+2}^{(1)} \ldots & x_{n+p}^{(1)} & 1 \\ \cdots & \cdots & \cdots & \\ \cdots & \cdots & \cdots & \\ x_{n+1}^{(p)} & x_{n+2}^{(p)} \ldots & x_{n+p}^{(p)} & 1 \end{vmatrix} \gtrless 0,$$

ce qui revient à n'avoir pas à la fois

$$x_{n+j'}^{(p)} = \sum_{h=0}^{h=p-1} \mu_h x_{n+j'}^{(h)};$$

j' variant de 1 à p, et

$$1 = \sum_{h=0}^{h=p-1} \mu_h.$$

Cette condition remplie, on aura donc

$$x_m^{p+1} = \sum_{h=0}^{h=p} x_m^{(h)}$$

pour toutes valeurs de m depuis 1 jusqu'à $n+p$,
et les constantes λ_h seront telles qu'on aura

$$\sum_{h=0}^{h=p} \lambda_h = 1.$$

La condition requise est, d'après cela, que les $p+1$ premiers systèmes d'équations ne soient pas eux-mêmes tels que les valeurs des inconnues pour l'un d'eux s'obtiennent en ajoutant les produits par des constantes des valeurs des inconnues correspondantes dans les autres.

Corollaire. — Considérons trois surfaces de l'ordre n qui n'aient pas de ligne commune. Elles ont alors n^3 points communs. Supposons qu'on prenne parmi ces points communs des points en nombre égal à $n' = \frac{n(n^2+6n+11)}{6} - 1$. Si les trois surfaces étaient déterminées chacune par ces n' points et un $(n'+1)^{\text{ème}}$ point propre à chacune, l'une passerait, comme on l'a vu, par l'intersection des deux autres. L'hypothèse étant contraire, il en sera donc autrement. Supposons qu'elles soient déterminées chacune, par

$$n'' = \frac{n(n^2+6n+11)}{6} - 2$$

points pris parmi les n^3 points qui leur sont communs, et par deux autres ; toute autre surface passant par ces n'' points et déterminée également par deux autres points qui lui appartiennent en particulier sera telle que l'on aura

$$s = \lambda_1 u + \lambda_2 v + \lambda_3 w = 0$$

pour son équation, les équations des trois premières surfaces étant $u=0$, $v=0$, $w=0$.

La surface s passera en conséquence par les autres points communs aux trois autres surfaces, qui sont en nombre égal à

$$\frac{(n-1)(5n^2-n-12)}{6}.$$

Par exemple, si l'on prend 7 points sur les 8 points communs à trois surfaces de second degré qui soient déterminées chacune par ces 7 points et par deux autres qui ne leur soient pas communs, toutes les surfaces analogues du second degré passant par les 7 points contiendront le $8^{\text{ème}}$.

FIN.

Paris. — Imprimé par E. Thunot et Cᵉ, rue Racine, 26.

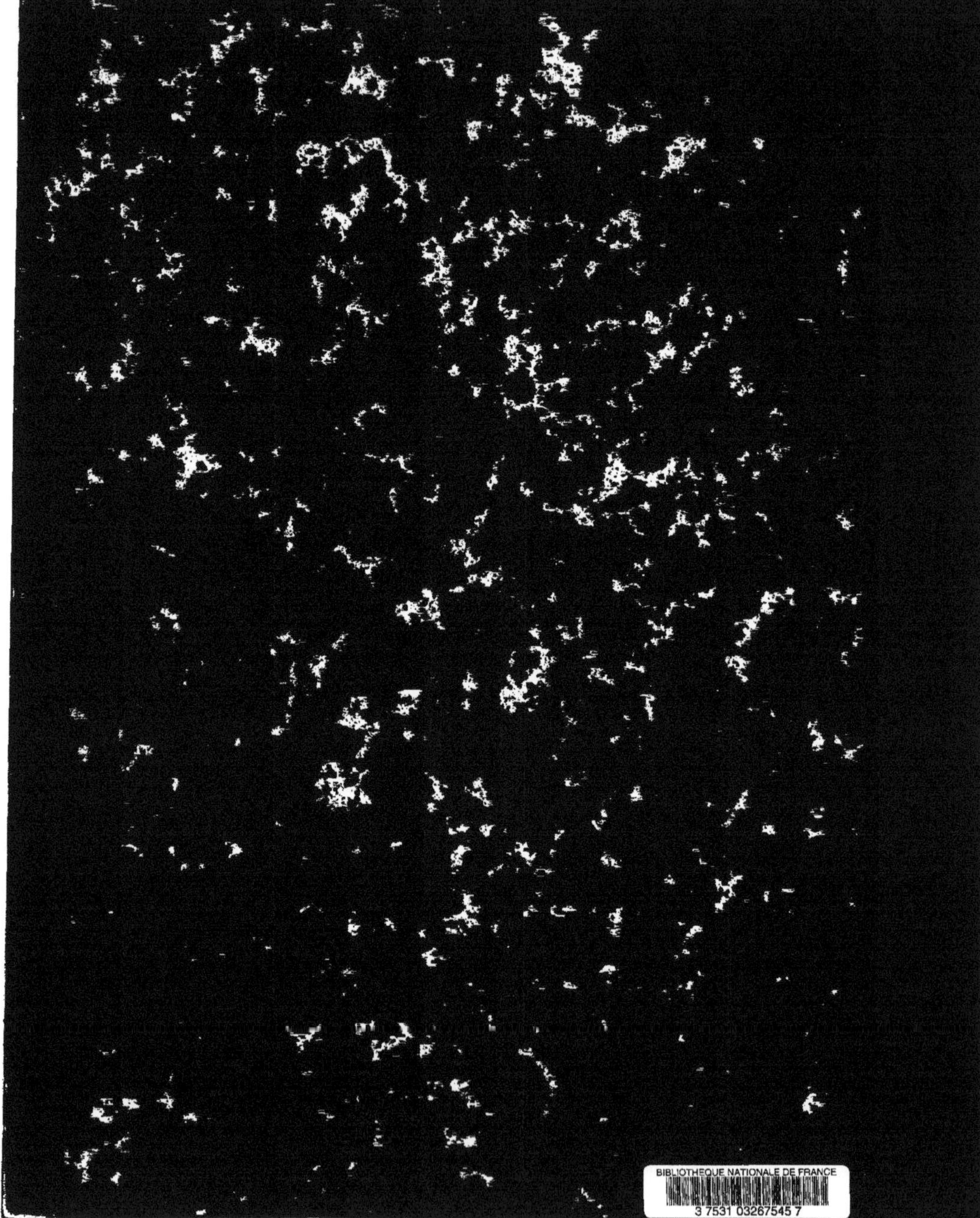

www.ingramcontent.com/pod-product-compliance
Ingram Content Group UK Ltd.
Pitfield, Milton Keynes, MK11 3LW, UK
UKHW012108240726
13965UKWH00004B/1633